"十三五"高等职业教育计算机类专业规划教材

Web前端开发技术

(HTML5+CSS3+jQuery)

Web Qianduan Kaifa Jishu (HTML5+CSS3+jQuery)

高 莺 尤澜涛 编著

U0310564

中国铁道出版社有限公司
CHINA RAILWAY PUBLISHING HOUSE CO., LTD.

内 容 简 介

本书主要围绕HTML5、CSS3、jQuery相关技术讲解网页设计与制作，全书共分三篇：基础篇、提高篇、应用篇。基础篇主要介绍Web前端技术开发的基本概念，HTML、CSS、JavaScript三者在网页开发中各自扮演的角色、网页开发环境与工具，制作图文并茂的页面，表格的应用，表单的应用，介绍通过HTML5搭建文本、图像、超链接、表格、表单等网页内容。提高篇主要内容包括CSS基础知识，字体样式设置，文本精细排版，背景设置，层与区块的页面布局，多媒体元素，Canvas元素，着重介绍CSS代码开发。应用篇主要内容包括JavaScript、jQuery脚本语言的基础开发，bootstrap前端开发框架的应用，使用列表制作水平导航栏的应用，综合网站开发的案例。

本书基于案例教学的思想，所有实例都经过了精挑细选，具有非常好的代表性和实用性，使读者能够快速掌握网页制作的相关技术，迅速进入Web页面的实战开发。

本书适合作为高等职业院校Web前端技术开发的初级教程，也可作为教师的教辅用书。

图书在版编目（CIP）数据

Web前端开发技术：HTML5+CSS3+jQuery/高莺，尤澜涛编著. —北京：中国铁道出版社，2017.9（2023.12 重印）

"十三五"高等职业教育计算机类专业规划教材

ISBN 978-7-113-23106-4

Ⅰ．①W… Ⅱ．①高… ②尤… Ⅲ．①超文本标记语言-程序设计-高等职业教育-教材②网页制作工具-高等职业教育-教材③JAVA语言-程序设计-高等职业教育-教材 Ⅳ．①TP312.8②TP393.092.2

中国版本图书馆CIP数据核字（2017）第170828号

书　　名：**Web 前端开发技术**（HTML5+CSS3+jQuery）

作　　者：高　莺　尤澜涛

策　　划：汪　敏　　　　　　　　　　　　　　编辑部电话：(010) 51873135

责任编辑：秦绪好　冯彩茹

封面设计：白　雪

封面制作：刘　颖

责任校对：张玉华

责任印制：樊启鹏

出版发行：中国铁道出版社有限公司（100054，北京市西城区右安门西街 8 号）

网　　址：http://www.tdpress.com/51eds/

印　　刷：三河市燕山印刷有限公司

版　　次：2017 年 9 月第 1 版　　2023 年 12 月第 7 次印刷

开　　本：787 mm×1 092 mm　1/16　印张：12.5　字数：304 千

印　　数：10001 ～ 11000 册

书　　号：ISBN 978-7-113-23106-4

定　　价：39.00 元

前　言

关于本书

本书是关于网页设计与制作的快速入门到实战的教程，主要介绍HTML(5)、CSS(3)、JavaScript前端开发技术。

本书从网页设计与制作的实际需要出发，全面、系统地介绍网页设计与制作的相关知识，并配合大量典型实例，让读者了解和掌握网页设计与制作的方法。全书共分三篇：基础篇、提高篇、应用篇。基础篇共4个单元。第1单元是网页开发入门介绍；第2单元介绍图文并茂的页面制作，包括文档基本结构、添加文字、图片、超链接等；第3单元介绍表格的应用，包括表格的属性设置、跨行跨列操作，表格嵌套和布局；第4单元介绍HTML5表单的应用，包括表单控件的创建和属性设置。提高篇共有3个单元，第5单元为使用CSS美化页面，介绍CSS基本概念和引入方式、CSS字体样式设置、文本精细排版和CSS背景设置；第6单元为层与区块的页面布局，主要介绍CSS核心盒子模型、层与定位、边框、填充、边距的设置等；第7单元为多媒体页面制作介绍HTML5视频、音频、Canvas元素等。应用篇共有3个单元。第8单元为列表的应用，介绍列表的建立、样式的设置、水平导航栏的制作等；第9单元介绍JavaScript和jQuery脚本语言的基础开发；第10单元为综合网站案例实战，从网页设计与准备到首页制作、子栏目页面等的制作，介绍如何使用bootstrap前端开发框架进行快速建站的方法。

本书以网页设计与制作、网站管理与维护岗位人才的能力需求为导向，针对高职学生的认知特点，以企业典型案例为载体，形成从简单实例到复杂案例的系统化地学习，突出学生的教学主体作用，重视职业能力的培养，充分体现课程教学的职业性、实践性和开放性。让学生在递进式案例教学过程中培养网页设计与制作的综合职业技能和职业素养。

本书是校企合作的成果之一。书中的很多素材、实例和实训项目都是与企业联合设计与开发的，具有实战指导作用。

本书特色

案例丰富：每个知识点配有1个或多个实例，每个单元都设计了配套的实训任务和技能训练，以加强知识点的理解应用和实践，与此同时，激发读者自身的学习兴趣、形成持久的学习动力。

简单易用：本书配有丰富的多媒体学习资源，实例源文件、实训项目微视频、习题等，通过二维码扫一扫即可轻松获得相关资源。

致谢

本书由高莺、尤澜涛编著。在本书编写和整理过程中，陆正、查艳芳提供了很多有价值的素材，刘正、蒋建峰给予了大力支持与帮助，王春华、姚树春、周晨、张书锋提出了许多宝贵的建议，在此一并表示衷心的感谢！

由于时间仓促，加之编者水平有限，书中难免存在疏漏和不足之处，敬请广大读者批评指正，以期不断改进。

编　者
2017年3月

目 录

CONTENTS

主要介绍网页开发的入门知识、HTML 的基本语法、HTML 标记的使用。通过本篇的学习，学生将能够创建网页常用元素，如标题、段落、图片、超链接、H5 表单、表格等，构成网页内容。

本篇构成：

第 1 单元　网页开始入门
第 2 单元　图文并茂的页面制作
第 3 单元　表格的应用
第 4 单元　H5 表单的应用

第 **1** 单元

网页开发入门

◎**目标**　　对如何制作和设计网页有一个全面的了解，作为一个全局性的认识为后面的学习打下基础。

◎**重点**　　HTML、CSS、JavaScript 三者的角色与作用。

1.1　网页基础知识

在学习如何制作网页、建设网站之前，首先要了解网页、网站的一些基本概念和常识，对于后面的学习有一个全局性的认识，为设计与制作网页打下坚实的基础。

1.1.1　网页与网站

1. 网页概述

网页是互联网上展示信息的一种形式。网页又称 Web 页面，呈现文字、图像、音视频多媒体等内容。它以文本文档的形式存储在 Web 服务器上，通过 Internet 传输到浏览器上，并由各种浏览器解析和显示。这里涉及两个概念：HTTP 和 URL。

（1）HTTP

HTTP（Hyper Text Transfer Protocol，超文本传输协议）：需要遵循该协议在网络上传输信息。用户访问网页时，需要遵循HTTP协议。

（2）URL

URL（Uniform Resource Locator，统一资源定位符）：可以在浏览器的地址栏中输入 URL 来找到网络上的资源。如表 1-1 所示，URL 由协议、主机和路径组成，完整的写法为 http://www.siso.edu.cn/ito/index.html"。

表1-1　URL的组成

协　　议	主　　机	路　　径
http	www.siso.edu.cn	ito/index.html

2. 网页分类

通常将网页分为静态网页与动态网页。

静态网页：内容相对固定不变，没有后台程序的支持，缺乏灵活性。静态网页的扩展名为.html或.htm。

动态网页：内容可根据用户、时间、地点等因素的变化而不同，浏览器能与服务器进行交互，如 ASP、JSP、PHP 等属于动态网页。

3. 网站概述

网站是有一定关系的若干网页集合。每个网站都有一个主页（Homepage），是进入网站时看到的第一张页面，通常命名为 index.htm 或 index.html。

网站开发人员需要配置 Web 站点，网页开发完成后需要发布网站，这样，用户可以通过互联网访问该网站上的网页。

1.1.2 经典网页赏析

在网页设计与制作的入门阶段，可借助一些经典网站进行欣赏和学习，了解网页的基本要素、不同的网页风格和页面布局。

一般网页包括：网页标题、网站标志 Logo、导航菜单、侧边栏、页眉与页脚，以及页面内容尺寸等网页要素。页面风格也多种多样，如简明、酷炫、温馨等，一些知名网站也形成了独有的设计风格，如 Google 风格、FlatUI 等。网页组织内容的结构常见的有"厂"字形、两栏、多栏布局等常见布局结构。

以一个以学习为主题的网站为例，如图 1-1 所示，用户需要从这个网站上获取大量的学习内容。从这一点出发，网站设计者需要考虑：网页如何布局，需要哪些内容模块才能更好地为用户推送信息，方便用户浏览到需要的信息来满足该网站用户的实际需求，该网站没有太多酷炫特效。

图1-1 网页要素案例

设计网页时，需要考虑网页宽度，比如新浪网和腾讯网主页为 1 000 像素，淘宝和京东主页设为 1 190 像素，如图 1-2 所示。以屏幕分辨率及浏览器等因素为依据，在常见分辨率为 1 024×768 像素时，960 像素是比较主流的页面宽度，可以让 1 024×768 像素在最大化浏览器窗口时尽可能地使用宽度而不出现横向滚动条。

图1-2   网页宽度案例

根据网站主题、类型、风格、功能等的不同在设计网页时将内容设计为两栏式布局结构、三栏式布局结构，甚至为多栏式，使得呈现的网页内容清晰明了。如图 1-3 所示为三栏式布局结构。两栏式结构的网页通常也为"厂"字形网页，分为主要信息展示区和侧边栏，如图 1-4 所示。

"网格系统"在网页设计时常用于针对不同的分辨率创造出各式各样的排版与布局。

图1-3   三栏布局网页案例

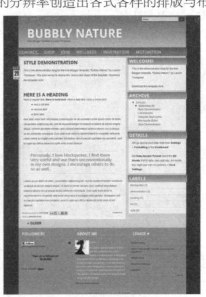

1-4   两栏布局网页案例

虽然现在 1 200 像素以上的电脑屏幕占据主导地位。但平板电脑、手机、MP4/5 等移动终端的小微显示器，市场占有率也在极速攀升。一套页面自适应多种分辨率或多种终端设备的"响应式布局"已悄然盛行，如图 1-5 所示。

网页布局时不是一屏上的内容越多或是越密集越好，需要存在"网页留白"。所谓"网页留白"是围绕网页元素的空白空间。归结

图1-5   响应式布局案例

于网页设计中的负空间，它将网页设计中的图形、文字、行列和其他元素合理地布局到整个页面空间中，使其显得优雅和谐并不破坏原有的空间结构，属于一种空间关系。最典型的例子就是百度和谷歌的主页。网页留白不是浪费空间而会带来很多好处，比如使内容清晰流畅、增强文字和图片的可读性、减少视觉疲劳、平衡和谐的布局、给元素的艺术表现提供可持续的空间等，如图1-6所示。

图1-6 网页留白案例

1.1.3 浏览器的兼容性问题

浏览器兼容性问题的产生是由不同浏览器使用内核及所支持的 HTML 等网页语言标准不同造成的，表现为不同的浏览器对同一段代码有不同的解析，造成页面显示效果不统一的情况。对于一般用户来讲，不管使用何种浏览器都可以浏览到无明显差别的网页，这样才会给用户带来好的体验。这就是网页开发人员必须要考虑和解决的问题。下面列举一些常见的浏览器兼容性问题。

浏览器兼容问题一：图片默认有间距。多个 img 标记之间有些浏览器会有默认的间距，有些浏览器则没有。

浏览器兼容问题二：不同浏览器的标记默认的边距和填充不同。在不加样式控制的情况下，同一个标记在不同浏览器下设置 margin 和 padding 的默认值差异较大。

浏览器兼容问题三：透明度的兼容 CSS 设置。

浏览器兼容问题四：有些 HTML 标记或属性不被某些浏览器或某些浏览器版本支持，如 <wbr> 标记不被 IE 浏览器支持，在 CSS 样式上细节处理不一致等问题。

目前，市场上浏览器种类繁多，甚至同一浏览器的不同版本也存在不兼容的情况，比如 IE6、IE7、IE8。对于网页开发人员来说，至少要保证设计与制作的网页在主流浏览器下运行良好，主流浏览器如表 1-2 所示

表1-2 主流浏览器种类

IE	Firefox	Chrome	Safari	Opera

当浏览器厂商开始创建与标准兼容的浏览器时，希望确保向后兼容性。为了实现这一点，创建了两种呈现模式：标准模式和混杂模式。在标准模式下浏览器按照规范呈现页面；在混

杂模式下，页面以一种比较宽松的向后兼容的方式显示。混杂模式通常模拟老式浏览器的行为以防止老站点无法工作。区分标准模式和混杂模式，根据 DOCTYPE（文档声明）是否存在以及使用哪种 DTD 来选择要使用的呈现方式。如果 XHTML 和 HTML 文档有形式完整的DOCTYPE，那么它一般以标准模式呈现。相反，如果文档的 DOCTYPE 不存在或者形式不正确，则导致 HTML 和 XHTML 以混杂模式呈现。在 360 浏览器中可以选择极速模式（即标准模式）和兼容模式（即混杂模式），如图 1-7 所示。

图1-7　在360浏览器中选择浏览器模式

1.2　HTML、CSS、JavaScript三者扮演的角色

制作静态网页的制作离不开这 3 类代码：HTML、CSS、JavaScript，这三者相辅相成，发挥着不同的作用。三者的关系如图 1-8 所示。

图1-8　HTML、CSS、
JavaScript三者之间的关系

1.2.1　HTML与HTML5的概念

HTML（HyperText Markup Language）的中文全称是"超文本置标语言"。所谓"超文本"，就是指页面内容可以显示图片、超链接、视音频等非纯文本元素。HTML 语言是由一系列HTML 标记组成的，通过使用各类 HTML 标记来组成网页文档内容，比如使用 <img> 标记来表示图片，使用 <p> 标记表示文字段落等，然后由浏览器进行翻译与解析。概括之，通过 HTML 标记来组成网页内容。

从 Web 诞生早期至今，已经发展出多个 HTML 版本，（X）HTML5 是目前最新的版本。HTML 版本发展历程见表 1-3。

表1-3　HTML版本发展历程

版　　本	年　　份
HTML	1991
HTML+	1993
HTML2.0	1995
HTML3.2	1997
HTML4.01	1999
XHTML1.0	2000
HTML5	2012
XHTML5	2013

HTML5 是最新一代的 HTML 标准。2008 年 1 月 22 日第一份正式草案公布，2014 年 10

月 29 日，万维网联盟宣布 HTML5 标准规范制定完成，并已公开发布。虽然 HTML5 仍处于完善之中，但在此之前的几年时间里，已经有很多开发者陆续使用了 HTML5 的部分技术，Firefox、Google Chrome、Opera、Safari 4+、Internet Explorer 9+ 都已支持 HTML5。HTML5 将会取代 1999 年制定的 HTML 4.01、XHTML 1.0 标准，以期能在互联网应用迅速发展时，使网络标准达到符合当代的网络需求，为桌面和移动平台带来无缝衔接的丰富内容。无论是笔记本、台式机，还是智能手机、智能电视，都可以方便地浏览 HTML5 的网站。对于网页开发者来说，需要考虑用户体验、加载速度、网站结构等因素，使得网站在任何设备上都通用，并尽量利用预处理减少页面加载时间与空间，为用户提供快速、可靠、跨平台体验的网站。W3C CEO Jeff Jaffe 博士表示："HTML5 将推动 Web 进入新的时代。"

HTML5 对已有版本进行了改进和完善，增加了一些特性，性能得到进一步提升。以下是 HTML5 的新特性概括：

1. 本地存储

基于 HTML5 开发的网页 APP 拥有更短的启动时间、更快的联网速度，这些全得益于 HTML5 APP Cache 及本地存储功能。

2. 实现多媒体更加简单

可以利用 HTML5 的 <video> 和 <audio> 非常方便地在网页上添加视频和音频，不需要很复杂的代码，就能打造一款功能齐全的 HTML5 播放器。

3. 三维、图形和动画

HTML5 是最新一代的 HTML 标准。2008 年 1 月 22 日第一份正式草案公布，2014 年 10 月 29 日，万维网联盟宣布 HTML5 标准规范制定完成，并已公开发布。虽然 HTML5 仍处于完善之中，但在此之前的几年时间里，已经有很多开发者陆续使用了 HTML5 的部分技术，Firefox、Google Chrome、Opera、Safari 4+、Internet Explorer 9+ 都已支持 HTML5。HTML5 将会取代 1999 年制定的 HTML 4.01、XHTML 1.0 标准，以期能在互联网应用迅速发展时，使网络标准达到符合当代的网络需求，为桌面和移动平台带来无缝衔接的丰富内容。无论是笔记本、台式机，还是智能手机、智能电视，都可以方便地浏览 HTML5 的网站。对于网页开发者来说，需要考虑用户体验、加载速度、网站结构等因素，使得网站在任何设备上都通用，并尽量利用预处理减少页面加载时间与空间，为用户提供快速、可靠、跨平台体验的网站。W3C CEO Jeff Jaffe 博士表示："HTML5 将推动 Web 进入新的时代。"

HTML5 对已有版本进行了改进和完善，增加了一些特性，性能得到进一步提升。以下是 HTML5 新特性概括：

找一找：网页中的 HTML 标记，如图 1-9 和图 1-10 所示。

（1）顶级标记：<html>、<body>、<head>。

（2）文本标记：<h1>、<p>。

（3）图片标记：<img>。

（4）其他标记：<title>。

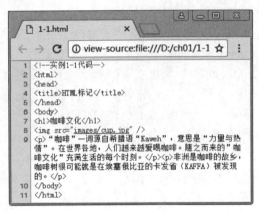

图1-9   网页代码图   1-10   网页效果图

总结：

HTML 在网页设计与制作过程中扮演的角色：建筑师。

工作任务：用于构建网页内容。

1.2.2   CSS与CSS3的概念

CSS（Cascading Style Sheet，层叠样式表或级联样式表，简称样式表）是一种样式标准，定义网页元素样式和页面排版布局。

CSS3 是 CSS 技术的升级版本，CSS3 语言开发是朝着模块化发展的，增加了许多新特性，使得对网页元素的样式控制更加灵活和细致。例如，增加了边框圆角、渐变和动画等效果设置。

聊一聊：CSS 的发展史

为了更好地理解 CSS 的优点，先来了解 CSS 的由来。HTML 标记设计的初衷是用于定义文档内容，但随着互联网的发展，对网页样式的需求越来越复杂，当时不断地将增加新的 HTML 格式标记和属性（比如字体标记和颜色属性）添加到 HTML 规范中，这样做造成了文档内容想要清晰地独立于文档表现层变得越来越困难。于是诞生了 CSS，将网页样式从 HTML 中独立出来。比如通常的做法会将样式保存在外部的 ".css" 文件中。这样做的好处是通过编辑该 CSS 文档，有能力同时改变站点中所有页面的布局和外观。概括使用 CSS 具有的优势如下：

（1）样式和内容相分离。

（2）提高页面浏览速度。

（3）易于维护和改版，提高代码可读性。

找一找：网页上 CSS 的踪迹，如图 1-11 所示。

（1）文字颜色、文字大小等。

（2）网页背景及网页上各种网页元素背景样式的设置。

（3）图片的样式，边框样式设置。

（4）图片与文字的排版、各内容块之间的排版、页面布局。

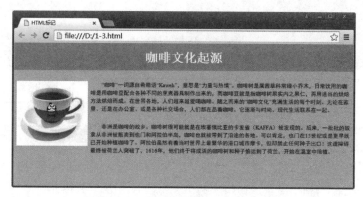

图1-11　网页上的CSS样式设置

总结：

CSS 在网页设计与制作过程中扮演的角色：化妆、装潢师。

工作任务：用于控制和美化 Web 页面外观与布局。

1.2.3　JavaScript介绍

JavaScript（简称 JS）是一种客户端脚本语言，类似 Java 语言。常用来为网页添加各式各样的动态功能，为用户提供更流畅美观的浏览效果。通常 JavaScript 脚本是通过嵌入在 HTML 中操纵网页上的元素来实现自身功能的。如图 1-12 所示，通过在网页上嵌入 JavaScript 代码点击页面上的按钮跳出弹出框。

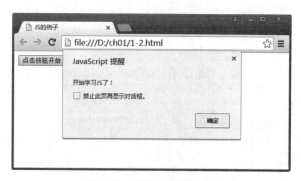

图1-12　网页上的JS代码

JavaScript 有如下优点：

（1）动态性：它可以直接对用户或客户的输入做出响应，无须经过 Web 服务程序。因此，可以实现类似弹出提示框这样的交互性网页功能。它对用户的响应是以"事件"做驱动的，比如，"单击网页中的按钮" 这个事件可以引发对应的响应。

（2）跨平台性：JavaScript 依赖于浏览器，与操作系统无关。因此，只要在有浏览器的计算机上，且浏览器支持 JavaScript，就可以对其正确执行。

1.3　网页开发环境与工具

设计与制作网页的开发工具可以是纯文本编辑软件，如记事本等，也可以在如 Dreamweaver 这样的集成开发环境中编写网页代码。像 Dreamweaver 这样的集成开发软件会提供很多快捷功能，如代码提示、缩进等在制作复杂页面时，能够提高编码开发效率，效果比较明显。在 CSS 和 JavaScript 代码调试阶段，可以使用浏览器帮助进行跟踪调试，更加直观高效。

下面介绍一些常用的网页开发工具，如表 1-4 所示。

表1-4　开发工具列表

种　类	代表工具	优　势
文本编辑环境	记事本、Notepad++、EditPlus 等	简洁、轻量级
集成开发环境	Dreamweaver、Frontpage 等	效率高、功能强
浏览器	Chrome、IE、Firefox 等	直观、高效

Notepad++ 软件的编辑界面如图 1-13 所示，在该界面的菜单栏中选择"语言"菜单，然后在下拉菜单中选择 HTML 语言，切换成网页编辑模式，如图 1-14 所示，在该模式下可展现出 HTML 文档的层次结构，也提供部分代码提示，该软件属于轻量级软件。

图1-13　Notepad++软件的编辑界面

图1-14　Notepad++菜单栏

实际工作中，为了开发便捷，会选择一些集成开发工具，以 Dreamweaver 和 Frontpage 为例。打开 Dreamweaver CS6，进入软件界面，在菜单栏中选择"文件→"新建"命令，弹出如图 1-15 所示的对话框，在"页面类型"栏中可以新建 "HTML""CSS""JavaScript" 类型的文件。

在 Dreamweaver 中新建一个 HTML 文档时，会自动生成构成文档基本结构的 HTML 代码。在拆分模式下输入代码后有 "所见即所得" 的即视感，如图 1-16 所示

在 Frontpage 中新建一个 HTML 文档的环境，如图 1-17 所示，与 Dreamweaver 相似，两者选其一即可。

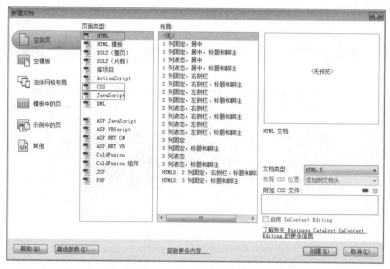

图1-15 "新建文件"对话框

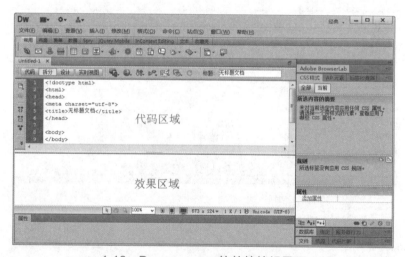

1-16 Dreamweaver软件的编辑界面

图1-17 Frontpage软件的编辑界面

　　在网页调试与测试阶段可以在浏览器环境中完成，比如 Google Chrome 浏览器环境中可在右键菜单中选择"审查网页"命令，会出现如图 1-18 所示的界面，点击左下方中的代码，对应的网页上的元素就会被高亮出来，同时右下方会显示该元素的相关样式，在编辑和调试时可以很方便地跟踪网页元素的样式。

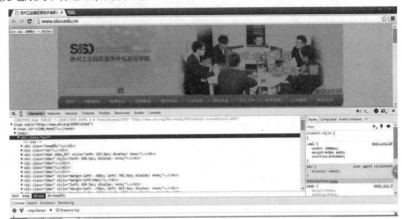

图1-18　Chrome浏览器调试界面

　　在 IE8.0 以上版本的浏览器中按 F12 键可打开开发人员工具界面，如图 1-19 所示。

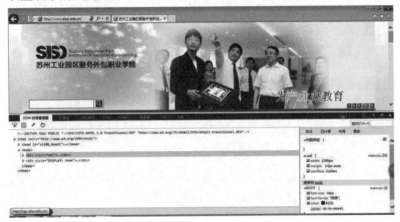

图1-19　IE8.0以上版本开发人员工具界面

　　还有像另一主流浏览器 Firefox，安装 firebug 插件后也有类似的功能。

图文并茂的页面制作

◎**目标**　按照 HTML 语法编写图文并茂的 HTML 文档。

◎**重点**　编辑文字，如段落、标题等。
编辑图片，超链接。

2.1　XHTML与文档类型声明

在 HTML 发展初期为了能被广泛地接受和使用，很大程度地放宽了严格的标准，但随着互联网上网页数量呈现指数级地增长，问题就不断涌现，出现了很多混乱和不规范的代码，这不符合标准化的发展趋势，影响了互联网的进一步发展，因此出现了比 HTML 代码规范更为严格的 XHTML，XHTML 是 HTML 结合 XML（扩展置标语言）的过渡产物，称为可扩展超文本置标语言（EXtensible HyperText Markup Language）。XHTML 于 2000 年成为一个 W3C（World Wide Web）标准，目标是取代 HTML，在所有设备支持 XHTML 之前有能力编写出拥有良好结构的文档，这些文档可以很好地工作于所有的浏览器，并且可以向后兼容。XHTML 与 HTML 4.01 几乎是相同的，且相互兼容。

使用 XHTML 规范编辑网页是希望不要在网络上出现糟糕的 HTML 代码，比如下面所示的 HTML 代码：

```
<html>
<head>
<title>This is bad HTML</title>
<body>
<h1>Bad HTML
</body>
```

当今市场浏览器种类繁多，由不同的公司开发，使用的内核技术也不尽相同，移动端设备上的浏览器对糟糕的 HTML 代码解释的能力更是有限，所以遵循一定的 XHTML 规范是有必要的。定义 XHTML 类型的文档须在第一行使用 <!DOCTYPE> 进行文档类型声明（DTD，Document Type Definition），用于告知浏览器当前文档使用何种 XHTML 规范。之前使用最为普遍的是 XHTML Transitional 规范。

下面示例的代码第一行为声明该文档类型是 XHTML 1.0 Transitional。

```
<!DOCTYPE html PUBLIC "-//W3C//DTD XHTML 1.0 Transitional//EN" "http://
www.w3.org/TR/xhtml1/DTD/xhtml1-transitional.dtd">
<html>
<head>
<meta http-equiv="Content-Type" content="text/html; charset=utf-8" />
<title>此文档类型为 XHTML 1.0 Transitional</title>
</head>
<body>
</body>
</html>
```

当前，HTML5 文档在不同移动设备上表现优越，如下示例代码的第一行表示声明当前文档为 HTML5 文档，其中 <meta> 标记定义字符集的语句 "<meta charset="utf-8">" 与 XHTML 中使用 "<meta http-equiv="Content-Type" content="text/html; charset=utf-8"/>" 语句的效果一致，形式上更为简洁。

```
<!doctype html>
<html>
<head>
<meta charset="utf-8">
<title>html5 document</title>
</head>
<body>
</body>
</html>
```

在网页开发工具 Dreamweaver 中，可以在新建文档时选择文档类型，如图 2-1 所示，在"文档类型"下拉列表中进行选择。一劳永逸的做法是定义默认文档类型，单击【首选参数】按钮，弹出【首选项】对话框，如图 2-2 所示，单击"分类"列表框中的【新建文档】选项，可进行默认文档类型的设置。

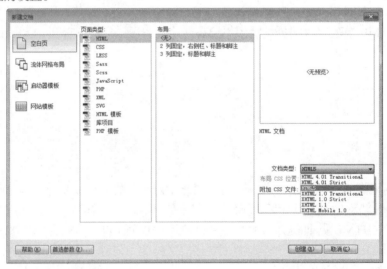

图2-1　在Dreamweaver中选择文档类型

图2-2　设置默认文档类型

2.2　HTML基础语法

2.2.1　HTML标记

　　HTML 标记或称 HTML 标签是用于构建网页内容的。网页上有各种各样的网页元素，如超链接、图片、表格，列表等，实际上这些网页元素都是由不同的 HTML 标记来表示的，如图 2-3 所示。

图2-3　网页上的HTML标记

　　HTML 标记是由尖括号包围的关键词组成的，基本形式为 < 标记名称 >，以 "<" 符号开头，并以 ">" 符号结尾，中间是字母或是数字。

　　<html>、<head>、<body>、<h1></h1> 等属于 HTML 标记。

　　HTML 标记分为双标记和单标记两种。

　　所谓双标记，由起始标记（形如 < 标记名称 >）和结束标记（</ 标记名称 >）组成，在网页文档中会成对出现，在 HTML 标记中大多数都是双标记，如 <html></html>、<body></body>、<head></head>、<title></title> 等。

　　在双标记的开始标记和结束标记之间，为该标记的内容，除了文本之外还可以嵌套其他标记。如下面的代码所示，在 \<head> 和 \</head> 中间嵌套了 \<title>\</title> 标记，而 \<title>\</title> 标记的内容仅是文本：

```
<html>
<head>
<meta charset="utf-8">
<title> 请在此输入标题 </title>
</head>
<body>
     请看标题栏
</body>
</html>
```

所谓单标记，在网页文档中单独出现的称为单标记，形如 < 标记名称 /> 或 < 标记名称 >。

常见的单标记有 \
、\<hr>、\<img>，或是 \
、\<hr/>、\<img src="spring.jpg" /> 两种写法都可以，后者属于 XHTML 规范写法。

注意：

> 在 XHTML 中，标记必须被正确地关闭，即使是单标记。

2.2.2　HTML标记属性

HTML 标记属性是用来描述当前标记的某方面特性的，比如单标记 \<hr/> 表示水平线，当需要具体化某水平线的粗细（size）、对齐方式（align）、宽度（width），则需要分别给 \<hr/> 标记的 size 属性、align 属性、width 属性设置具体的属性值。属性值可以用双引号或单引号括起来，也可以不用，但一般习惯将属性值用双引号括起来，并且在上下文中的用法保持一致。基本语法如下所示：

< 标记名字 [属性名称 1=" 属性值 " [属性名称 2=" 属性值 " … 属性 n]]>

HTML 标记属性有全局属性和非全局属性之分，全局属性可用于任何 HTML 元素，而非全局属性只适用于某一个或一些特定的 HTML 标记。

全局属性有 id 属性、class 属性、style 属性等。

【实例 2-1】设置水平线的长度、粗细和颜色属性。\<hr> 标记的 size 属性用于设置该水平线的粗细，align 属性设置水平方向上的对齐方式，width 属性设置宽度，color 属性设置颜色。

网页代码如图 2-4 所示。

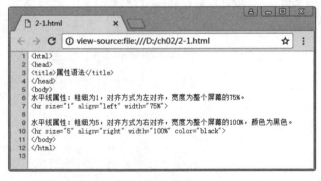

图2-4　网页代码

网页效果如图 2-5 所示。

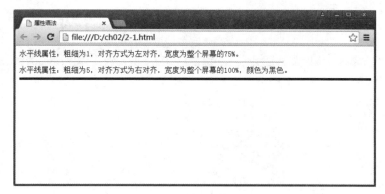

图2-5 网页效果

2.2.3 添加HTML注释

HTML 注释符为"<!-- -->",基本语法如下:

```
<!-- 请在此添加注释语句 -->
```

HTML 注释符可以对 HTML 代码添加注释说明,增加代码可读性;也可用于注释 HTML 代码,注释掉的 HTML 语句不会被浏览器解析,执行时会跳过注释符号中的代码,因此也不会显示在网页上。注释语句写入的位置不受限制,可以出现在 HTML 文档的任意位置。

【**实例 2-2**】给 HTML 代码添加注释语句,使得代码的可读性提高。注释符号中的内容不会显示在网页上,但浏览器端通过右击菜单选择"查看网页源代码"命令仍可看到注释语句。

网页代码如图 2-6 所示,网页效果如图 2-7 所示。

图2-6 网页代码

图2-7 网页效果

【**实例 2-3**】另一种用法是注释 HTML 代码,注释符号中的代码将不会被执行,网页上将不显示源代码中第 8 行所插入的图片。

网页代码如图 2-8 所示,网页效果如图 2-9 所示。

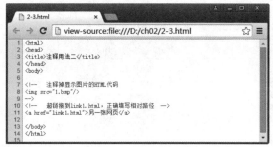

图2-8 网页代码

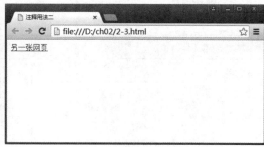

图2-9 网页效果

2.3　HTML文档整体结构

网页文档的基本结构由两部分组成，分别为文档头和文档主体。<head></head> 标记所在区域表示文档头部，<body></body> 标记所在区域表示文档主体，如图 2-10 所示。从文档层次结构来看，<html></html> 标记的直接子元素是 <head> 和 <body> 元素。

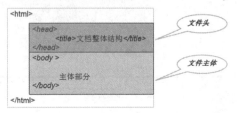

图2-10　网页文档基本结构

2.3.1　文档头部

文档头部即 <head></head> 标记所在区域，该区域用于定义网页文档的某些信息，如网页标题、定义字符集、网页过期时间和网页关键词等，文档头部中配置的信息一般不用来显示。另外，引入外部文件（如 CSS 文件、JavaScript 文件）也一般会放在文档头部位置。

1．设置文档标题

在 HTML 文档头部 <head></head> 标记中有一对 <title></title> 标记，用于设置网页标题，标题信息会显示在浏览器的标题栏上，如图 2-11 所示。

图2-11　添加网页标题

2．设置元信息

元信息标记为 <meta> 标记，位于文档头部，用于定义页面的元信息（meta-information），如针对搜索引擎和更新频度的描述和关键词。

元信息总是以名称/值的形式进行定义的。定义元信息的基本语法如下所示：

```
<meta http-equiv=" " name=" " content=" " />
```

语法说明：<meta> 标记中的 content 属性为必需属性，它可与 http-equiv 或 name 属性进行组合。各属性的取值如表 2-1 所示。

表2-1　元信息属性

属　　性	值	描　　述
content	用户自定义	定义与 http-equiv 或 name 属性相关的元信息
http-equiv	content-type expires refresh set-cookie	把 content 属性关联到 HTTP 头部

属　　性	值	描　　述
name	author description keywords generator revised others	把 content 属性关联到一个名称
scheme	some_text	定义用于翻译 content 属性值的格式

设置元信息 <meta> 标记定义网页关键词，通常是为了让网页更准确地被搜索引擎收录。在 <meta> 标记中将 name 属性设置为 keywords，而 content 属性中设置的值是用户自定义的，一般体现网页主题与内容。基本语法如下所示：

```
<meta name="keywords" content=" " />
```

【实例 2-4】<meta> 标记定义网页关键词。

假设某网页的内容主要介绍如何使用 HTML 标记创建表格，可以定义该网页的关键词为"HTML，标记，表格"，如图 2-12 所示。

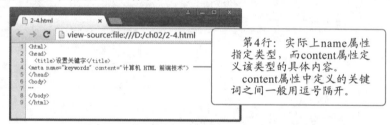

图2-12　元信息定义关键词

设置网页文档字符集和网页过期时间也是在 <meta> 标记中进行定义，将 http-equiv 属性和 content 属性进行组合来定义 HTTP 头部信息，基本语法如下所示：

```
<meta http-equiv=" " content=" " />
```

【实例 2-5】<meta> 标记设置网页文档的字符集和网页过期时间。

网页源代码中存在中文字符，必须设置支持中文字符的字符集，如字符集"utf-8""GB2312""GBK"等，否则将无法保存文件或网页不能正常显示正文（见图 2-13）。

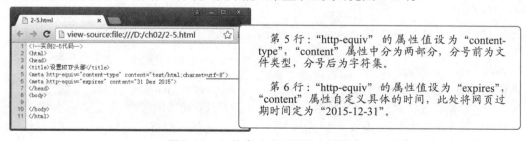

图2-13　元信息定义HTTP头部信息

2.3.2　文档主体

<body></body> 标记定义文档主体，所在区域为浏览器显示区域。可以在 <body> 标记中

放置如文本、超链接、图像、表格和列表等多种网页元素，构成网页显示内容。

　　<body> 标记有其相关的属性定义，如表 2-2 所示。可用于定义页面背景图像、背景颜色、文字颜色、超链接文字颜色等。可以看出这些属性基本上都是对样式的定义，已经被 CSS 取代，这里只做适当了解，不赞成使用。

表2-2　body属性

属　　性	值	描　　述
background	URL	不赞成使用。请使用样式取代它。 规定文档的背景图像
bgcolor	rgb（x,x,x） #xxxxxx colorname	不赞成使用。请使用样式取代它。 规定文档的背景颜色
text	rgb（x,x,x） #xxxxxx colorname	不赞成使用。请使用样式取代它。 规定文档中所有文本的颜色
link	rgb（x,x,x） #xxxxxx colorname	不赞成使用。请使用样式取代它。 规定文档中未访问链接的默认颜色
alink	rgb（x,x,x） #xxxxxx colorname	不赞成使用。请使用样式取代它。 规定文档中活动链接（active link）的的颜色
vlink	rgb（x,x,x） #xxxxxx colorname	不赞成使用。请使用样式取代它。 规定文档中已被访问链接的颜色

2.4　添加段落

　　文本是网页上最为常见的元素之一。编辑文本时一般不直接将其放入 <body> 标记中，而是赋予一定的语义，如将文本放入段落标记中表示正文中的自然段落，增加代码可读性。

　　在网页上添加段落，使用 <p></p> 双标记进行定义，基本语法如下：

```
<body>
        <p>
                段落内容
        </p>
</body>
```

　　语法说明：段落 <p> 标记自身有一些固有的样式。在浏览器中显示时段落元素默认独占一行，浏览器会自动在其前后创建一些空白，即显示为段前段后的距离。

　　【实例 2-6】网页中添加段落，观察浏览器中的网页效果，网页代码如图 2-14 所示。

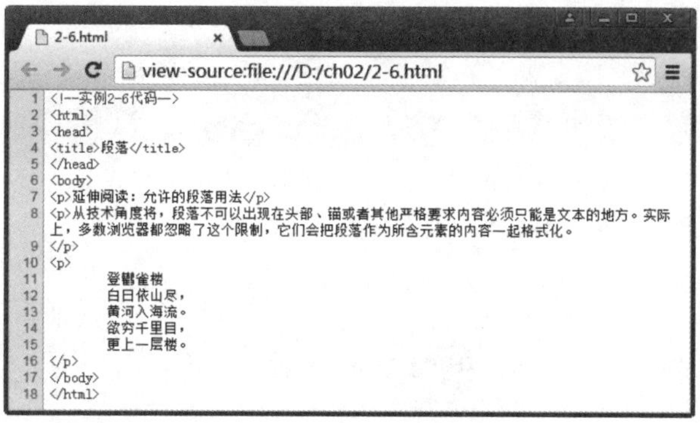

2-6.html
view-source:file:///D:/ch02/2-6.html
1 <!--实例2-6代码-->
2 <html>
3 <head>
4 <title>段落</title>
5 </head>
6 <body>
7 <p>延伸阅读：允许的段落用法</p>
8 <p>从技术角度将，段落不可以出现在头部、锚或者其他严格要求内容必须只能是文本的地方。实际上，多数浏览器都忽略了这个限制，它们会把段落作为所含元素的内容一起格式化。
9 </p>
10 <p>
11 登鹳雀楼
12 白日依山尽，
13 黄河入海流。
14 欲穷千里目，
15 更上一层楼。
16 </p>
17 </body>
18 </html>

图2-14　网页代码

网页效果如图 2-15 所示。段落在网页上显示的行数依赖于当前浏览器窗口的大小，会随着窗口大小自动换行。源代码第 11 行开始每行后面都进行了换行操作，但在浏览器中显示为一个空格，但这首诗仍显示为一行。

段落
file:///D:/ch02/2-6.html
延伸阅读：允许的段落用法
从技术角度将，段落不可以出现在头部、锚或者其他严格要求内容必须只能是文本的地方。实际上，多数浏览器都忽略了这个限制，它们会把段落作为所含元素的内容一起格式化。
登鹳雀楼 白日依山尽， 黄河入海流。 欲穷千里目， 更上一层楼。
每段起始自动换行，并产生段前段后间距。

图2-15　网页效果

注意：

要在浏览器中显示换行效果，需要添加换行标记
，在编辑HTML代码时按Enter键或Tab键在浏览器中显示为一个空格。

2.5　添加标题

在 HTML 中，定义标题时按照字体大小可以分为 6 级，分别用 <h1>~<h6> 标记来表示。<h1> 定义字体最大的标题，<h6> 定义字体最小的标题。

<h1>~<h6> 标记都是双标记，定义标题的基本语法如下：

```
<body>
<h1> 一号标题内容 </h1>
<h2> 二号标题内容 </h2>
<h3> 三号标题内容 </h3>
<h4> 四号标题内容 </h4>
<h5> 五号标题内容 </h5>
<h6> 六号标题内容 </h6>
</body>
```

标题 1
标题 2
标题 3
标题 4
标题 5
标题 6

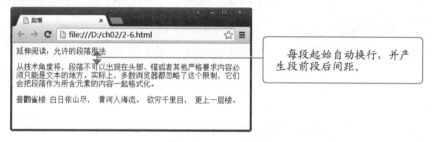

语法说明：<h1>~<h6> 标记不仅在语义上定义了文本为标题，标题标记自身有一些固定的样式，在浏览器中显示时标题元素默认独占一行，浏览器会自动在其前后创建一些空白，文字有加粗效果。

2.6　文　本　修　饰

对网页上的文本可设置加粗、倾斜、添加下画线等修饰效果，设置文本加粗的标记是 <b></b> 或 <em></em>，倾斜标记为 <i></i>，下画线标记为 <u></u>。以上这些标记为纯样式标记，现在一般都使用 CSS 来代替，此处做适当了解。

2.6.1　设置文本加粗

使用 <b></b>、<em></em> 和 <strong></strong> 这三组标记均可设置文字的加粗效果，基本语法如下：

```
<body>
<b> 放在此标记中文本有加粗效果 </b>
<em> 放在此标记中文本有加粗效果 </em>
<strong> 放在此标记中文本有加粗效果 </strong>
</body>
```

语法说明：这三组标记都为双标记，放在这三组标记中的文本在浏览器中显示为加粗效果。

2.6.2　设置文本倾斜

使用 <i></i> 标记添加文字倾斜效果，基本语法如下：

```
<body>
<i> 放在此标记中的文本有倾斜效果 </i>
</body>
```

语法说明：此标记为双标记，放入此标记中的文本在浏览器中显示时有倾斜效果。

2.6.3　设置下画线

使用 <u></u> 标记设置文字下画线，基本语法如下：

```
<body>
<u> 放在此标记中的文本加下画线效果 </u>
</body>
```

语法说明：此标记为双标记，放入此标记中的文本在浏览器中显示有下画线。

【实例 2-7】使用文本修饰标记，设置文本加粗、倾斜的效果，并添加下画线。

网页代码如图 2-16 所示，网页效果如图 2-17 所示。

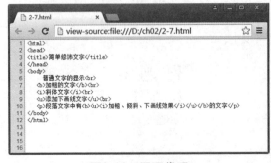

图2-16　网页代码

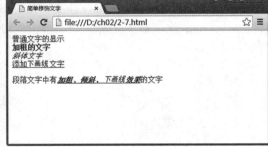

图2-17　网页效果

2.7　特殊字符

浏览网页时常常会看到一些包含特殊字符的文本，如版权、注册商标等符号。在网页上如何显示这些特殊字符，HTML 中有对应的代码来表示，特殊字符以"&"开头，中间为连续的字母，以";"结尾。比如，在网页上连续显示多个空格，直接输入空格不起作用，需要使用表示空格的特殊字符" "来表示，需要多少个空格就需要添加多少个" "。常用特殊字符如表 2-3 所示。

表2-3　常用特殊字符与代码对照表

特殊符号	对应代码
®	&reg;
™	&trade;
©	&copy;
§	&sect;
&	&amp;
¥	&yen;

注意：

表中对应代码中的"&"和";"是特殊字符组成中的一部分，不可忽略。

特殊字符使用非常广泛，几乎每个网页的底部都会显示版权信息，如百度主页底部就有特殊字符"©"，如图 2-18 所示；淘宝网页有特殊符号"®"，如图 2-19 所示。

图2-18　百度主页上使用特殊字符

图2-19　淘宝网页上使用特殊字符

2.8　图片与超链接

除了文本之外，图片和超链接也是网页上常见的两大网页元素。相对于文本来说，图片显得更加生动直观，可以给人较强的视觉冲击，因此使用图片可以使网页更具吸引力。

超链接是网站的灵魂，使得网页之间能够跳转，有了超链接才有了网站，才能使站点中的网页间有联系，否则就是一张张网页的信息孤岛。

2.8.1　设置图片

首先，在设置图片之前先了解有哪些图片类型，常用格式有 JPG、JPEG、PNG、GIF、BMP、TIFF 等。不同格式的图片在真实性、透明性、矢量性方面有所侧重和区别。 在收集图片素材时，可选取适当的图片格式来满足不同的需求。比如需要色彩丰富的图片，像拍摄的相片、Photoshop 合成的图片，可以使用 JPG 和 JPEG 的格式，图片文件小很多但又不失真；PNG 格式支持透明度，多数用于小型格式的图片；GIF 格式多被用于网页背景、小图标、色彩度低的小切片、动画图片上。读者可根据自己的使用习惯可以进行图片格式的调整，特别是使用图像处理软件设计网页布局和排版布局时。

使用 <img> 标记定义图片的基本语法：

```
<img src=" 图片源 " alt=" " title=" " />
```

语法说明：src 属性是必需的，指定图片所在的路径；alt 属性在图片无法显示时，指定该图片的替代文本；title 属性为图片添加了描述性文本。

【实例 2-8】图片标记的 alt 属性，网页代码如图 2-20 所示。

当图片无法正常显示时，显示设置在"alt"属性中的文本"古南镇的悬崖边"，这样做的好处是提高页面的信息量和可读性，如图 2-21 (a) 所示。

在图片正常显示的情况下，鼠标指针悬停在图

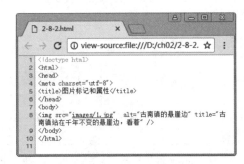

图2-20　网页代码

片上时显示出设置在"title"属性中的文本，该文本为图片添加的描述性文字，如图 2-21 (b) 所示。

（a）图片无法显示时的网页效果　　　　　（b）图片标记 title 属性的网页效果

图2-21　网页效果

2.8.2　添加超链接

浏览网页时，可以通过超链接实现单击一张图片或者一段文字即可链接到其他网页，它是同其他网页或站点之间进行连接的元素。将相关网页链接在一起后，才能构成一个所谓的网站。

网站内网页间的链接关系多呈现出网状结构。如图 2-22 所示。现在要解决的问题是如何在图中有链接关系的网页上放入超链接。

定义超链接的基本语法：

```
<a href = "URL"  target=" 值 "> 链接内容 </a>
```

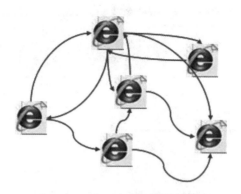

图2-22 网页之间链接关系图

语法说明：href 属性用于创建指向另外一个资源的链接；target 属性规定在何处打开链接文档，可选值如表 2-4 所示；"链接内容"是显示在网页上的内容。

表2-4 target属性可选值

值	描　　述
_self	默认。在相同的框架中打开
_blank	在新窗口中打开
_parent	在父框架集中打开
_top	在整个窗口中打开
framename	在指定的框架中打开

一般常见的超链接形式是给文本或图片添加超链接，在旧版"百度图片"搜索引擎中展示的搜索结果就可以找到这两种形式的超链接，用户可以单击图片或图片下方的文字进行跳转，如图 2-23 所示。

图2-23 百度图片搜索结果界面

【实例 2-9】添加超链接。

网页代码如图 2-24 所示。

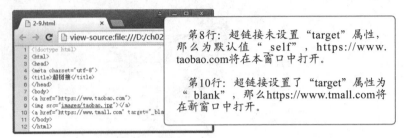

图2-24　超链接设置

鼠标指针悬停在超链接上时，鼠标显示为小手图形，网页效果如图 2-25 所示。

图2-25　网页效果

注意：

　　href属性指向的资源有可能是另一张网页、图片、Word文档、PDF文档等形式。除了文本和图片外，可以给任何HTML元素添加超链接。

2.8.3　绝对路径与相对路径

　　在编辑图片和超链接时，必需设置资源路径 URL。<img> 和 <a> 标记都有必需属性，src和 href 属性用于指定资源路径，路径一般分为绝对路径和相对路径，需要根据不同的情况进行设置。

　　首先，需要清楚什么是绝对路径和相对路径。这个问题可以把它看成是游览某个名胜古迹时看到景区的线路地图，目前站的位置是五角星指示的地方，想去终点站，只要沿着当前位置到终点之间的这条路线走就可以，而不会先返回起点重新出发（见图 2-26）。绝对路径是指要去终点站总是从起点开始出发，而相对路径则是从当前位置为出发点。

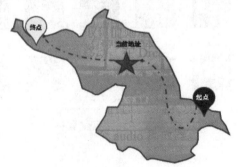

图2-26　景区线路地图

（1）绝对路径指文件的完整路径,如路径中包括根盘符号"C:\"或是传输协议"http""ftp"等。根据访问的资源可分为外部资源和本地资源。

情况一：当访问互联网上的资源时，即访问外部资源。

```
<a href="http://www.baidu.com">百度</a>
<a href="http://www.siso.edu.cn">siso</a>
```

情况二：访问本地计算机上的资源。

```
<a href="e:\html\body.html">主页</a>
<a href="html\body.html">主页</a>
```

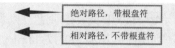

绝对路径，带根盘符

相对路径，不带根盘符

其中，"html\body.html"为相对路径，在实际应用中，使用相对路径不会资源移动而影响对资源的访问，写法也更为简洁。

（2）相对路径是指参考当前编辑文件的位置，其他资源都是相对于当前文件而言的位置。设置相对路径时，主要分以下三种情况进行设置，如表2-5所示。

表2-5　设置相对路径的三种情况

相对位置	如何输入
同一目录	输入要链接的文档
链接上一目录	先输入"../"，再输入目录名
链接下一目录	先输入目录名，后加"/"

以在网页上设置图片相对路径为例，根据图片与编辑的网页3种不同的相对位置来设置图片正确的相对路径。

①同一层（当前页面和图片在同一个硬盘目录下）：如表2-6所示，则<img>标记的"src"属性中直接写图片的文件名。

```
<img src="bg-deal.jpg"/>
```

表2-6　"同一层"情况

当前页面	body.html	具体路径：e:\html\body.html
图片	bg-deal.jpg	具体路径：e:\html\bg-deal.jpg

②下一层（图片在当前页面所在目录的下一层目录下）：如表2-7所示，图片的相对路径中需要加上下一层目录名。

```
<img src="images/bg-deal.jpg"/>
```

表2-7　"下一层"情况

当前页面	body.html	具体路径：e:\html\body.html
图片	bg-deal.jpg	具体路径：e:\html\images\bg-deal.jpg

③上一层（图片在当前页面所在目录的上一层目录下）：如表2-8所示，图片的路径需要加上"../"符号，表示往上翻一层目录。

```
<img src="../bg-deal.jpg"/>
```

表2-8　"上一层"情况

当前页面	body.html	具体路径：e:\html\body.html
图片	bg-deal.jpg	具体路径：e:\bg-deal.jpg

2.9　HTML文件命名及代码编写

（1）HTML 文件的命名规则和约定俗成的规范如下：

① 文件的扩展名要以 .html 或 .htm 结束。

② 文件名需要"顾名思义"。

③ 文件名称可由英文字母、数字或下画线组成（不要用中文命名）。

④ 文件名中不要包含特殊符号，如空格、$ 等。

⑤ 文件名是区分大小写的，在 UNIX 和 Windows 主机中有大小写的不同。

⑥ 网站首页文件名默认是 index.htm 或 index.html。

（2）编写 HTML 代码的注意事项如下：

① 所有标记都要用尖括号（<>）括起来，这样，浏览器就会知道尖括号内的标记是 HTML 命令。

② 对于成对出现的标记，最好同时输入起始标记或结束标记，以免忘记。

③ 在 HTML 代码中，不区分大小写，比如，将 <head> 写成 <HEAD> 或 <Head> 都可以，但一般都用小写。

④ 标记中属性值用双引号括起来。

⑤ 按 Enter 键或多个空格键在 HTML 代码中都无效，插入空格或回车有专用的标记，分别是   和
。

⑥ 标记中不要有空格，除了用来分隔属性，否则浏览器可能无法识别，比如不能将 <title> 写成 < title> 或是 <ti tle>。

实训任务——花卉图片展页面制作

任务描述

需求提出：某植物园想要对各类植物花卉进行科普和展示。

任务要求：分类展示各种花卉植物，各类花卉植物用文字进行描述，结合图片进行展示。网页效果参考图 2-27。

任务准备

（1）熟练掌握标题 <h1>~<h6>、段落 <p>、图像 <img> 等 HTML 标记。

（2）熟悉图像标记的常用属性，编辑图像，设置图像大小。

世界各地花卉展

水生植物

能在水中生长的植物，统称为水生植物。水生植物是出色的游泳运动员或潜水者。叶子柔软而透明，有的形成为丝状，如金鱼藻。丝状叶可以大大增加与水的接触面积，使叶子能最大限度地得到水里很少能得到的光照，吸收水里溶解得很少的二氧化碳，保证光合作用的进行。

多肉植物

多肉植物（succulent plant）是指植物营养器官肥大、具有蓄水薄壁组织的高等植物，又称多浆植物或多肉花卉，但以多肉植物这个名称最为常用。据粗略统计，全世界共有多肉植物一万余种，在分类上隶属100余科。

图2-27 网页效果

任务实施

1. 任务实施思路与方案

步骤一：在页面的适当位置上放入标题、段落、图像等网页内容。

步骤二：使用相关标记的属性设置样式，如 \<img\> 标记的 width 属性设置图像宽度、height 属性设置图像的高度。

```
<img src="images/1.jpg" width="121" height="121"/>
```

2. HTML 文档编写的源代码参考

```
<html>
<head>
<title>世界各地花卉展 </title>
</head>
<body>
<h2 align="center">世界各地花卉展 </h2>
<h4>水生植物 </h4>
<p> 能在水中生长的植物，统称为水生植物。水生植物是出色的游泳运动员或潜水者。叶子柔软
而透明，有的形成为丝状，如金鱼藻。丝状叶可以大大增加与水的接触面积，使叶子能最大限度地得到
水里很少能得到的光照，吸收水里溶解得很少的二氧化碳，保证光合作用的进行。
</p>
<img src="images/1.jpg" width="121" height="121"/>
<img src="images/2.jpg" width="121" height="121"/>
<img src="images/3.jpg" width="121" height="121"/>
<img src="images/4.jpg" width="121" height="121"/>
<h4>多肉植物 </h4>
<p> 多肉植物（succulent plant）是指植物营养器官肥大、具有蓄水薄壁组织的高等植物，
又称多浆植物或多肉花卉，但以多肉植物这个名称最为常用。据粗略统计，全世界共有多肉植物一万余
种，在分类上隶属100 余科。
```

```
</p>
<img src="images/5.jpg" width="121" height="121"/>
<img src="images/6.jpg" width="121" height="121"/>
<img src="images/7.jpg" width="121" height="121"/>
<img src="images/8.jpg" width="121" height="121"/>
</body>
</html>
```

技能训练——苏州园林景点介绍页面制作

训练目的

（1）熟悉标题 <h1> ~ <h6>、段落 <p> 等文本标记。
（2）熟悉图像标记 <img> 及其属性设置。
（3）熟悉相对路径设置。

训练内容

要求：制作一日游苏州园林的热门景点介绍网页。网页效果参考图 2-28。

素材：项目中涉及的图片、文字素材可扫描二维码进行下载。

苏州拙政园简介

拙政园，位于江苏省苏州市，始建于明正德初年（16世纪初），是江南古典园林的代表作品。与北京颐和园、承德避暑山庄、苏州留园一起被誉为中国四大名园。

园始建于明代万历二十一年（公元1593年），为大僇寺少卿徐泰时的私家园林，时人称东园，其时东园"宏丽轩举，前楼后厅，皆可醉客"。瑞云峰"妍巧甲于江南"，由叠山大师周时臣所堆之石屏，玲珑峭削"如一幅山水横披画"。今中部池、池西假山下部的黄石叠石，仍为当年遗物。

泰时去世后，"东园"渐废，清代乾隆五十九年（公元1794年），园为吴县东山刘恕所得，在"东园"故址改建，经修建于嘉庆三年（公元1798年）始成，因多植白皮松、梧竹、竹色清寒、波光渌碧，园园内竹色清寒，故更名"寒碧山庄"，俗称"刘园"刘恕喜好法书名画，他将自己撰写的文章和古人法帖勒石嵌砌在园中廊壁。后代园主多承袭此风，逐渐形成今日留园多"书条石"的特色。刘恕爱石，治园时，他搜寻了十二名峰移入园内，并撰文多篇，记寻石经过，抒仰石之情。嘉庆七年（1802），著名画家王学浩绘《寒碧庄十二峰图》

苏州留园简介

留园在苏州阊门外留园路338号，是中国四大名园之一。

拙政园位于苏州城东北隅（东北街178号），截至2014年，仍是苏州存在的最大的古典园林，占地78亩（约合5.2公顷）。全园以水为中心，山水萦绕，厅榭精美，花木繁茂，具有浓郁的江南汉族水乡特色。花园分为东、中、西三部分，东花园开阔疏朗，中花园是全园精华所在，西花园建筑精美，各具特色。园南为住宅区，体现典型江南地区汉族民居多进的格局。园南还建有苏州园林博物馆，是国内唯一的园林专题博物馆。

图2-28　网页效果

第 **3** 单元

表格的应用

◎目标	学会创建表格。 掌握表格相关的属性设置。
◎重点	插入表格及设置属性。 表格跨行跨列操作。 表格嵌套。

3.1 创 建 表 格

表格由行和单元格组成。创建表格时需要使用多种不同的标记。创建表格常用标记及说明如表 3-1 所示。表格能分成多个任意的矩形区域，制作网页时，需要考虑如何将网页元素以一定的方式组织起来，比如，网页 logo、导航、图片、侧边栏、文本等元素在页面上出现的位置，以前制作的网页中很多都是使用表格进行页面布局。

创建表格常用的元素标记及说明如表 3-1 所示。

表3-1　常用表格标记

标　　记	说　　明
`<table>`	表格标记
`<tr>`	行标记
`<td>`	列标记
`<th>`	表头标记
`<caption>`	表格标题

以上常用表格标记对应表格中不同的组成部分，如图 3-1 所示。

图3-1　表格结构

3.1.1　表格的基本构成

　　表格的基本结构由行和列（或称单元格）组成，顺序是先行后列，即先定义表格中有多少行，再定义每行上有多少列（或称单元格），形成标记间的嵌套关系。

　　定义表格结构的基本语法：

```
<table>
    <tr>
            <td>内容</td>
…
    </tr>
    …
</table>
```

　　语法说明：<table> 标记表示插入表格；<tr> 表示插入一行，表格中增加一行就要在 <table> 标记中放入一对 <tr></tr> 标记；<td> 表示插入一个单元格，该标记嵌套在 <tr> 标记中使用，每增加一对 <td></td> 标记表示在该行上增加一个单元格。只有在 <td></td> 标记中才能编辑表格内容，如文字、图片等。

　　【实例 3-1】 创建三行三列的表格。

　　网页代码如图 3-2 所示，网页效果如图 3-3 所示。

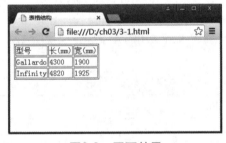

图3-2　网页代码　　　　　　　　　　　　图3-3　网页效果

3.1.2　设置表格的标题

　　定义表格标题的基本语法：

```
<table>
    <caption>插入表格标题</caption>
    <tr>
            <td>内容</td>
            …
    </tr>
    …
</table>
```

　　语法说明：在 HTML 文件中，使用成对 <caption></caption> 标记给表格插入标题。

　　【实例 3-2】 在实例 3-1 中添加表格标题。

　　网页代码如图 3-4 所示，网页效果如图 3-5 所示。

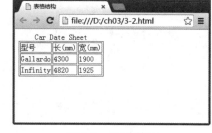

图3-4 网页代码　　　　　　　　　　　图3-5 网页效果

3.1.3 添加表头

一般表格会有列名称和数据两部分，列名称作为表格的第一行，称为表头。

定义表头的基本语法：

```
<table>
  <tr>
      <th> 内容 </th>
      …
  </tr>
  …
</table>
```

语法说明：在 HTML 文档中，<th></th> 标记定义表头，放置在行标记 <tr> 中，与 <td>标记一样定义单元格标记，但是该标记带有居中加粗的样式。

【**实例 3-3**】在实例 3-2 的基础上进行修改，将第一行设为表头，使用 <th> 标记。

网页代码如图 3-6 所示，网页效果如图 3-7 所示。

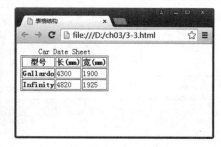

图3-6 网页代码　　　　　　　　　　　图3-7 网页效果

3.2　表格属性设置

插入表格之后，可以设置 <table>、<tr>、<td> 标记的相关属性来定义表格边框的样式、表格的大小、背景样式、文本对齐方式、单元格边距和填充等来美化表格，在实际应用中满足不同的需求变化。

3.2.1　设置表格边框样式

表格 <table> 标记中可以通过 border 属性和 bordercolor 属性设置表格边框的样式。

基本语法：

```
<table border="value" bordercolor="value">
  <tr>
       <td> 内容 </td>
       …
  </tr>
  …
</table>
```

语法说明：border 属性用于设置表格边框的粗细，取大于等于 0 的整数。当 border 属性设置为零时表示不显示边框，数值越大边框越粗；bordercolor 属性设置表格边框的颜色。bordercolor 属性只在 border 属性的值大于零时才有效果。

通常有三种表示颜色的方式：

（1）颜色名称方式，用颜色关键字表示对应的颜色。例如，red（红色）、blue（蓝色）、pink（粉色）。

（2）十六进制方式，使用十六进制表示颜色，如表 3-2 所示。例如，#FF0000（红色）、#FFFF00（黄色）、#000（黑色）。

表3-2　十六进制表示颜色的取值

表　示	取　值
#RRGGBB 或 #RGB	RR:两位十六进制整数，表示红色分量，取值范围:00~FF，当两位相同时，可省略 1 位
	GG：两位十六进制整数，表示绿色分量，其他同上
	BB：两位十六进制整数，表示蓝色分量，其他同上

（3）RGB 方式，三原色配色方式，如表 3-3。例如，RGB（255,0,0）红色、RGB（255,255,0）黄色。

表3-3　RGB方式表示颜色的取值

表　示	取　值
RGB（R,G,B）	R：红色值。正整数或是百分数，取值范围：0~255 或者 0%~100%
	G：绿色值。正整数或是百分数，取值范围同上
	B：蓝色值。正整数或是百分数，取值范围同上

【实例 3-4】设置表格边框的粗细和颜色。

网页代码如图 3-8 所示，网页效果如图 3-9 所示。

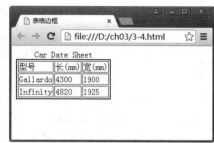

```
1  <html>
2  <head>
3  <meta http-equiv="Content-Type" content="text/html; charset=gb2312" />
4  <title>表格边框</title>
5  </head>
6
7  <body>
8
9  <table border="2" bordercolor="#0000ff">
10     <caption>Car Date Sheet</caption>
11         <tr>
12             <td>型号</td><td>长(mm)</td><td>宽(mm)</td>
13         </tr>
14         <tr>
15             <td>Gallardo</td><td>4300</td><td>1900</td>
16         </tr>
17         <tr>
18             <td>Infinity</td><td>4820</td><td>1925</td>
19         </tr>
20  </table>
21
22
23  </body>
24  </html>
25
```

图3-8　网页代码　　　　　　　　　　　图3-9　网页效果

跟边框颜色有关的属性还有 bordercolordark 属性和 bordercolorlight 属性，可以通过这两个属性使表格呈现立体效果，但只有 IE 浏览器支持，此处不进行介绍。

3.2.2　设置宽度和高度

width 属性和 height 属性可用于设置表格的宽度和高度，也可以设置行或单元格的宽度和高度，分别在 <table>、<tr> 和 <td> 标记中设置。

设置表格宽度和高度的基本语法：

```
<table width="value" height="value">
    <tr>
        <td> 内容 </td>
        …
    </tr>
    …
</table>
```

语法说明：width 属性用于设置表格宽度；height 属性设置表格高度。表示宽度和高度的值一般有两种方法，第一种，用数值表示，正整数；第二种，用百分比表示，相对于设置该属性所在元素的父元素的宽度和高度。

注意：

如果没有对width属性和height属性进行设置，表格宽度和高度会自适应表格内容的宽度和高度。

【实例 3-5】表格宽度与高度的设置。第一个表格使用整数来设置宽度和高度，第二个表格使用百分比设置表格宽度，此表格实际的宽度参照它父元素的宽度，在该实例中第二个表格的宽度为 body 元素的 40%，即浏览器窗口大小，但随着浏览器窗口的拉伸，第二个表格的宽度也会随之变化。

网页代码如图 3-10 所示，网页效果如图 3-11 所示。

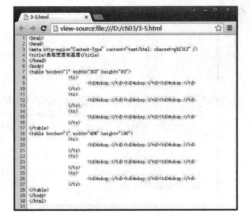

图3-10　网页代码

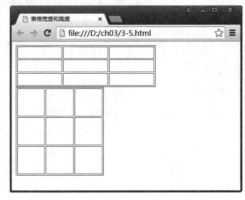

图3-11　网页效果

除了在 <table> 标记中设置 width 和 height 属性之外，还可以在 <tr> 行标记和 <td> 单元格标记中设置 width 和 height 属性。

【实例 3-6】设置行和单元格的高度和宽度。将表格的第一行的高度设为 20，第一个单元格的宽度设为 35。

网页代码如图 3-12 所示。

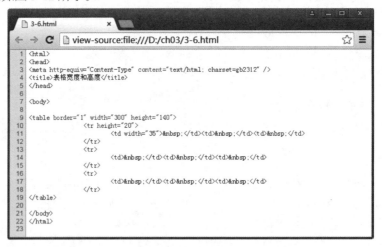

图3-12　网页代码

网页效果如图 3-13 所示。

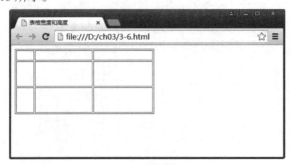

图3-13网页效果

3.2.3 设置对齐方式

align 属性设置水平方向上的对齐方式。该属性有四个值可选，如表 3-4 所示。

表3-4 align属性的取值

值	描 述
left	左对齐内容
right	右对齐内容
center	居中对齐内容
justify	对行进行伸展，这样每行都可以有相等的长度（就像在报纸和杂志中）

valign 属性设置垂直方向上的对齐方式。该属性有 4 个值可选，如表 3-5 所示。

表3-5 valign属性的取值

值	描 述
top	对内容进行上对齐
middle	对内容进行居中对齐（默认值）
bottom	对内容进行下对齐
baseline	与基线对齐

align 属性和 valign 属性可以设置在 <table>、<tr> 和 <td> 标记中，如表 3-6 所示。

表3-6 不同标记中对齐方式的设置

标 记	属 性	作 用
<table>	align	表格相对于周围元素的对齐方式。默认向左对齐
<tr>	align、valign	某一行上的内容分别在水平方向和垂直方向上的对齐方式
<td>	align、valign	某一单元格内容分别在水平方向和垂直方向上的对齐方式

【实例 3-7】<table> 标记设置 align 属性，使得表格在页面上居中显示。

网页代码如图 3-14 所示。

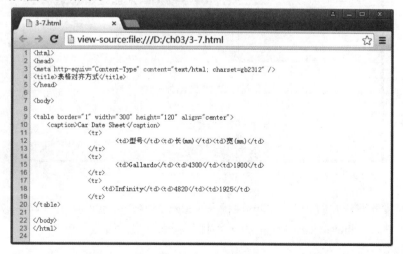

图3-14 网页代码

网页效果如图 3-15 所示。

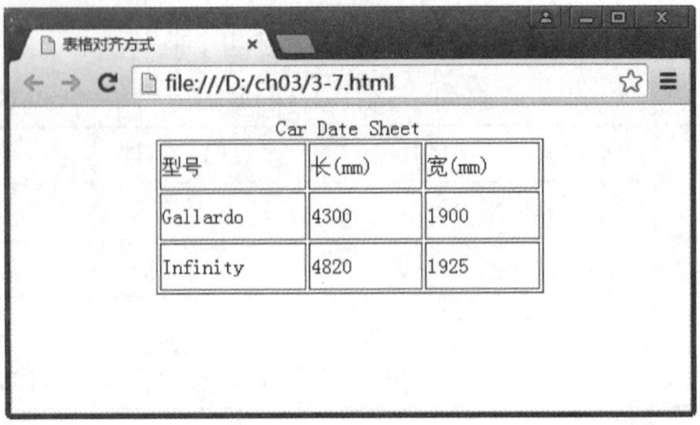

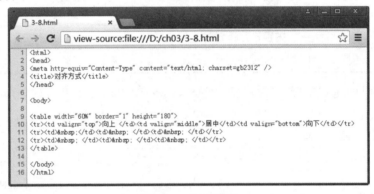

图3-15　网页效果

【实例 3-8】 设置 <td> 标记的 valign 属性，对第一行上的单元格设置不同的垂直对齐方式。valign 属性也可以设置在 <tr> 标记中，作用范围影响整行上的内容。

网页代码如图 3-16 所示。

```
<html>
<head>
<meta http-equiv="Content-Type" content="text/html; charset=gb2312" />
<title>对齐方式</title>
</head>

<body>

<table width="60%" border="1" height="180">
<tr><td valign="top">向上 </td><td valign="middle">居中</td><td valign="bottom">向下</td></tr>
<tr><td> </td><td>  </td><td>  </td></tr>
<tr><td>  </td><td>  </td><td>  </td></tr>
</table>

</body>
</html>
```

图3-16　网页代码

网页效果如图 3-17 所示。

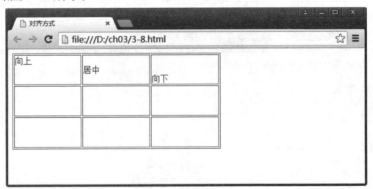

图3-17　网页效果

【实例 3-9】 设置 <tr> 标记的 align 属性和 valign 属性，分别设置某一行在水平和垂直方向上的对齐方式。<table> 标记中设置 align 属性使得表格整体居中。

网页代码如图 3-18 所示。

```
<html>
<head>
<meta http-equiv="Content-Type" content="text/html; charset=gb2312" />
<title>对齐方式</title>
</head>

<body>

<table border="1" width="300" height="180" align="center">
    <caption>Car Date Sheet</caption>
            <tr valign="bottom" align="center">
                    <td>型号</td><td>长(mm)</td><td>宽(mm)</td>
            </tr>
            <tr>
                    <td>Gallardo</td><td>4300</td><td>1900</td>
            </tr>
            <tr>
                <td>Infinity</td><td>4820</td><td>1925</td>
            </tr>
</table>

</body>
</html>
```

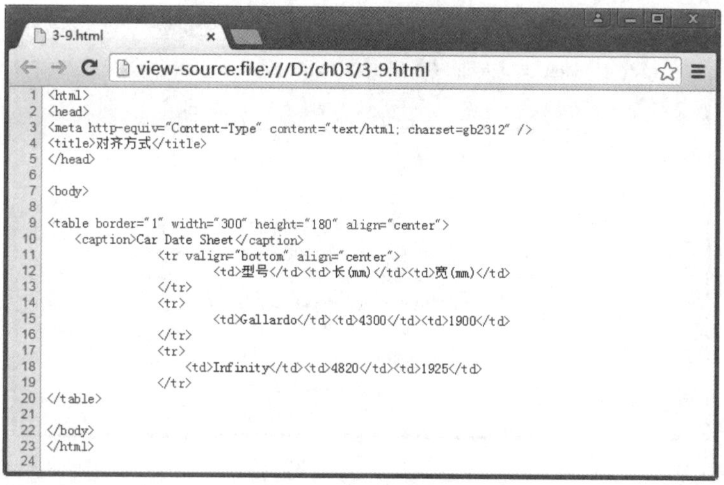

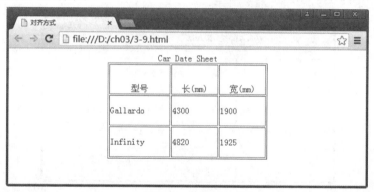

图3-18　网页代码

网页效果如图 3-19 所示。

图3-19　网页效果

3.2.4　边距与填充

表格中有两种留白，分别为边距（cellspacing）和填充（cellpadding）。

基本语法：

```
<table cellspacing="value" cellpadding="value" border="1">
  <tr>
        <td> 内容 </td>
        …
  </tr>
  …
</table>
```

语法说明：cellspacing 属性用于设置表格内外边框线的距离，该属性的默认值一般不为零；cellpadding 属性设置表格单元格内容与边框之间的间距，默认值为零。

【实例 3-10】 设置表格的边距和填充。

网页代码如图 3-20 所示。

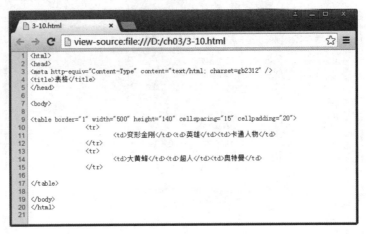

图3-20　网页代码

网页效果如图 3-21 所示。红色箭头指示的区域为 cellpadding 属性设置的留白，蓝色箭头指示的区域为 cellspacing 属性设置的留白。

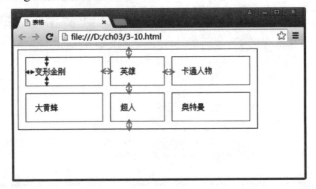

图3-21　网页效果

3.2.5　背景色设置

在表格中设置背景颜色可以使用 bgcolor 属性，<table>、<tr> 和 <td> 标记都具有 bgcolor 属性，分别表示给整个表格、表格中的一行和某个单元格设置背景色。

基本语法：

```
<table bgcolor=" 值 ">
  <tr>
       <td> 内容 </td>
       …
  </tr>
  …
</table>
```

语法说明：表示颜色的三种方法已经在 3.2.1 中详细描述，不再累述。

【实例 3-11】设置单元格的背景颜色。

网页代码如图 3-22 所示。

```
<html>
<head>
<meta http-equiv="Content-Type" content="text/html; charset=gb2312" />
<title>表格</title>
</head>

<body>

<table width="500" border="1" cellspacing="0" cellpadding="0">
        <tr><td>  </td><td bgcolor="#0000CC">  </td></tr>
        <tr><td> </td><td>  </td></tr>
        <tr><td>  </td><td>  </td></tr>
</table>

</body>
</html>
```

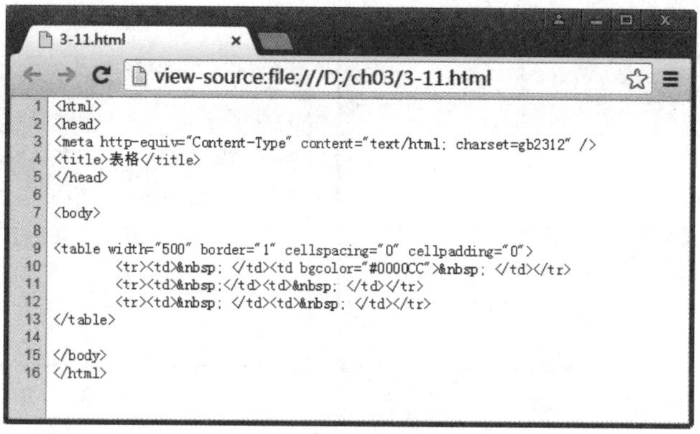

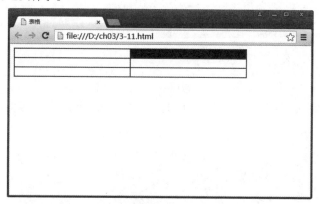

图3-22　网页代码

网页效果如图 3-23 所示。

图3-23　网页效果

【实例 3-12】 设置表格中某一行的背景颜色。

网页代码如图 3-24 所示，网页效果如图 3-25 所示。

```
<html>
<head>
<meta http-equiv="Content-Type" content="text/html; charset=gb2312" />
<title>表格</title>
</head>

<body>

<table width="500" border="1" cellspacing="0" cellpadding="0">
        <tr bgcolor="#CC3399"><td>  </td><td>  </td></tr>
        <tr><td> </td><td>  </td></tr>
        <tr><td>  </td><td>  </td></tr>
</table>

</body>
</html>
```

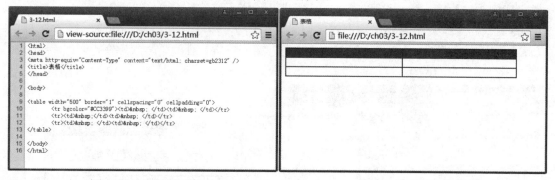

图3-24　网页代码

图3-25　网页效果

【实例 3-13】 设置整个表格的背景颜色。

网页代码如图 3-26 所示，网页效果如图 3-27 所示。

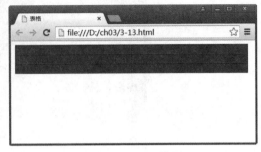

图3-26　网页代码　　　　　　　　　　　　　图3-27　网页效果

3.3　跨行和跨列操作

在实际应用中，表格内部需要一些不规则区域时，通过编辑表格，可合并单元格进行跨列或跨行的操作。

3.3.1　跨列操作

单元格跨列操作，通过设置单元格 <td> 标记中的 colspan 属性来实现。

基本语法：

```
<table>
  <tr>
      <td colspan="value">内容 </td>
      …
  </tr>
  …
</table>
```

语法说明：colspan 属性定义横跨单元格的列数。

【实例 3-14】第一行上的第二个单元格和第三个单元格进行合并。

网页代码如图 3-28 所示，网页效果如图 3-29 所示。第一行上的第二对单元格 <td> 标记设置了 colspan="2"，表示该单元格占据 2 个单元格的位置，进行了跨列操作，因此第一行上的单元格 <td> 标记在数量上需要相对于第二、三行要减少一对。

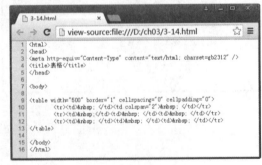

图3-28　网页代码

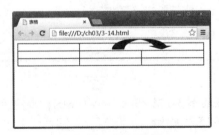

图3-29　网页效果

3.3.2 跨行操作

单元格跨行操作，通过设置单元格 <td> 标记中的 rowspan 属性来实现。

基本语法：

```
<table>
 <tr>
     <td rowspan="value">内容</td>
     …
 </tr>
 …
</table>
```

语法说明：rowspan 属性定义竖跨单元格的行数。

【实例 3-15】 在实例 3-14 的基础上，将第一列上的三个单元格进行合并操作，即将第一行上的第一个单元格设置跨行操作。

网页代码如图 3-30 所示，网页效果如图 3-31 所示。第一行上的第一个单元格 <td> 标记里设置属性 rowspan="3"，表示该单元格占据三行位置，因此需要将第二和第三上行删除一对单元格 <td> 标记。

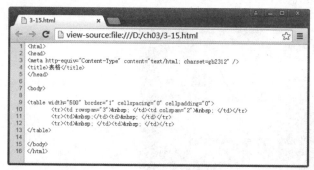

图3-30 网页代码

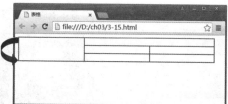

图3-31 网页效果

3.4 表格嵌套

表格中显示的内容可以是文本、图片等其他形式的网页元素，甚至可以是表格，形成表格嵌套。表格嵌套常用于页面布局、形式复杂的层次关系。

【实例 3-16】 表格嵌套。

网页代码如图 3-32 所示。

网页效果如图 3-33 所示。在两行一列表格中，第二行的单元格嵌套一个一行三列的表格。

图3-32 网页代码

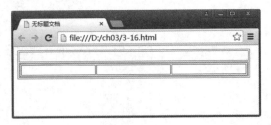

图3-33　网页效果

实训任务——摄影师个人主页的设计与制作

任务描述

需求提出：某公司成立一个销售部门，为了对外宣传的需要，在公司网站上要加入每位销售部门员工的个人介绍页面。

任务要求：使用表格嵌套进行页面布局，网页效果参考图 3-34。

图3-34　网页效果

任务准备

（1）熟悉创建表格的常用标记，如表格标记 <table>、行标记 <tr> 和单元格标记 <td> 等。

（2）熟悉表格标记中各种常用属性的设置。

（3）熟练掌握表格嵌套。

任务实施

1.任务实施思路与方案

（1）使用表格进行个人主页的布局。

（2）在页面的适当位置上放入标题、段落、图像等网页内容。

（3）设置表格及其表格内容的样式，如表格宽度和高度、背景颜色、文字的颜色等。

2. HTML 文档编写的源代码参考

```
<html>
<head><title> 表格布局 </title></head>
<body text="#FFFFFF" topmargin="0">
<!-- 最外层表格，1 行 2 列 -->
<table width="800" height="640" bordercolor="#FFFFFF" cellpadding="0"
cellspacing="0" align="center">
<tr><td>
<!-- 第 1 列中嵌套一个表格，3 行 1 列 -->
<table border="0" cellpadding="0" cellspacing="0">
<tr><td><table width="100%" border="1" bordercolor="#FFFFFF"
cellpadding="0" cellspacing="0">
<tr><td><img src="images/header.jpg" /></td></tr></table></td></tr>
<tr><td>
<!-- 嵌套一个表格，8 行 2 列 -->
<table width="100%" border="1" bordercolor="#FFFFFF" cellpadding="0"
cellspacing="0" bgcolor="#cc6700">
<tr><td rowspan="8" width="249"><img src="images/photo.jpg" />
</td><td> </td></tr>
<tr align="center"><td> 关于她 </td></tr>
<tr align="center"><td> 关于她 </td></tr>
<tr align="center"><td> 关于她 </td></tr>
<tr align="center"><td> 关于她 </td></tr>
<tr align="center"><td> 关于她 </td></tr>
<tr align="center"><td> 关于她 </td></tr>
<tr align="center"><td> </td></tr>
</table><!-- 结束嵌套一个表格，8 行 2 列 -->
</td></tr>
<tr><td>
<table width="100%" height="60" border="1" bordercolor="#FFFFFF"
cellpadding="0" cellspacing="0" bgcolor="#cc6700">
<tr align="center"><td> 人物介绍 </td></tr></table>
</td></tr>
</table><!--结束嵌套一个表格，3 行 1 列 -->
</td><td>
<table height="620" bgcolor="#cc6700" cellpadding="20">
<tr valign="top"><td>
<center><h2> 个人简历 </h2></center>
<p> 工作经历总结：<br/> 非常热爱市场销售工作，有着十分饱满的创业激情。在东方劲 ( 中
国 ) 品牌两年从事现磨现煮的咖啡市场销售工作中积累了大量的实践经验和客户资源……
</p>
<p> 工作经历：<br/> 2×××年 5 月—至今：担任绵阳城区我的咖啡茶品配送服务部的市场
部业务员。主要负责与经销商签定经销合同……</p>
<p> 教育经历：<br/> 1996 年 9 月—1999 年 7 月某省科技职业学院国际经济与贸易……</p>
</td></tr></table>
</td></tr>
</table>
</html>
</body>
```

技能训练——插件中心的设计与制作

训练目的

（1）掌握表格的各种标记使用和常用属性设置。
（2）掌握表格的嵌套应用。

训练内容

要求：制作"插件中心"，应用表格布局完成页面的编写。网页效果参考图 3-35。
素材：项目中涉及的图片、文字素材可扫描二维码进行下载。

插件中心　　　　　　　　　　　　　　　　　　　　　　　　　更多

 社区股票插件
虚拟股票插件，真实模仿股市流程，让虚拟社区更丰富多彩虚拟股票插件…
详细 ｜ 下载 ｜ 讨论

 无限银行插件DV8.1.0正式版
银行可存取"资金""金币""点卷"，完善的贷款机制，银行可过户"资金""金币""点卷"…
详细 ｜ 下载 ｜ 讨论

 暴龙的勋章插件
勋章插件，一个很老的插件了，不过它却是一个无数站长都喜欢的插件…
详细 ｜ 下载 ｜ 讨论

 虚拟形象插件
完全按照Dvbbs 7.1.0 SP1的体系结构全新构建的超越腾讯现有功能的虚拟形象系统。
详细 ｜ 下载 ｜ 讨论

在线等级插件
在线等级插件，是一个可以显示用户在线时间长短的插件，更可以显示论坛用户的资格…
详细 ｜ 下载 ｜ 讨论

恋爱结婚插件
恋爱等级和婚姻等级功能（随时间变化。可以自主设定），适应现代社会现状…
详细 ｜ 下载 ｜ 讨论

图3-35　网页效果

第 **4** 单元

H5表单的应用

◎目标	掌握表单的概念。 学会创建表单。 掌握表单控件，如信息输入 <input> 等的使用。
◎重点	多表单的使用。 表单控件的使用。

4.1 创 建 表 单

表单是网页中提供的一种交互式操作手段，在网页中的使用十分广泛。无论是提交搜索信息，还是网上注册 / 登录等应用都需要使用表单。用户可以通过提交表单信息与服务器进行动态交互，表单可以接收用户信息输入，然后将用户信息提交给后台服务器上的脚本程序进行处理并返回结果，遵循 HTTP 协议的请求 / 响应模式，如图 4-1 所示。

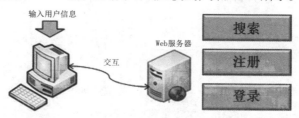

图4-1　人机交互

在互联网上能轻而易举地找到表单的身影，因为现在大多数网站都会有注册、登录、搜索等功能，比如百度主页上提供用户输入查询词的表单，淘宝等电子商务平台网站上会有搜索商品的表单，还会有会员的注册 / 登录表单，如图 4-2 所示。

图4-2　互联网上的表单应用

使用表单标记的基本语法：

```
<form action="URL" method="value" enctype="value">
…
</form>
```

语法说明：

（1）action 属性用于提交表单数据的目的地址。此处定义的 URL 与前面 2.8 节中所述路径的用法相同，在此不再赘述。

（2）method 属性设置表单数据的发送方式，分别有 GET 和 POST 两种方式，GET 方式为表单默认发送方式。

（3）enctype 属性设置提交数据的编码方式。该属性有 3 个值可选，如表 4-1 所示。

表4-1　enctype属性值

值	描　　述
application/x-www-form-urlencoded	在发送前编码所有字符（默认）
multipart/form-data	不对字符编码； 在使用包含文件上传控件的表单时，必须使用该值
text/plain	空格转换为"+"加号，但不对特殊字符编码

4.2　表单输入控件

在表单中可以放入多种类型的表单控件，比如制作用户注册表单时，需要有接收用户输入用户名、密码、性别等数据的输入控件，在 HTML 语言中使用 <input> 标记来创建，基本语法如下：

```
<form action="URL">
<input type=" ">
</form>
```

语法说明：type 属性设置控件类型，常用控件类型如表 4-2 所示。

表4-2　input元素的常用控件类型

值	描　　述
text	定义单行的输入字段，用户可在其中输入文本。默认宽度为 20 个字符
password	定义密码字段，该字段中的字符为掩码
radio	定义单选按钮
checkbox	定义复选框
button	定义可点击按钮（多数情况下，用于通过 JavaScript 启动脚本）
submit	定义提交按钮
reset	定义重置按钮，重置按钮会清除表单中的所有数据
image	定义图像形式的提交按钮
hidden	定义隐藏的输入字段
file	定义输入字段和"浏览"按钮，供文件上传

值	描　述
email	电子邮件专用
tel	定义用于电话号码的文本字段
search	定义用于搜索的文本字段

其中，email、search、tel 是 HTML5 中新增的输入类型，除了以上三种类型外，还有其他新增类型，将在 4.3 节详细说明。

<input> 标记除了必需属性 type 之外，还有其他常用属性，如表 4-3 所示。在实际应用中一般要根据不同的 type 属性值设置其他属性。

表4-3　input标记的常用属性

属　性	值	描　述	举　例
name	field_name	定义 input 元素的名称	适用所有元素
value	value	规定 input 元素的值	适用所有 input 元素
checked	checked	规定此 input 元素首次加载时应当被选中	radio|checkbox
disabled	disabled	当 input 元素加载时禁用此元素	适用所有 input 元素，除了"hidden"类型之外
readonly	readonly	规定输入字段为只读	text|password
size	number_of_char	定义输入字段的宽度	text|password
maxlength	number	规定输入字段中的字符的最大长度	text|password
required	required	指示输入字段的值是必需的	text|password|email|number|tel|search| url
pattern	regexp_pattern	规定输入字段的值的模式或格式。例如 pattern="[0-9]" 表示输入值必须是 0 与 9 之间的数字	text|search|email|url|rel|password
placeholder	text	规定帮助用户填写输入字段的提示	text|search|email|url|rel|password
autofocus	autofocus	规定输入字段在页面加载时是否获得焦点（不适用于 type="hidden"）	适用所有 input 元素。
autocomplete	on/off	规定是否使用输入字段的自动完成功能	text|search|url|email telephone|password|datepickers|range|color

4.2.1　定义单行文本框

添加单行输入的文本框。基于语法：

```
<form>
<input type="text" name=" " value=" " />
</form>
```

语法说明：

（1）type 属性值设置为 text，定义 input 元素类型为单行文本框。

（2）name 属性定义该控件的名称。

（3）value 属性未设置时默认值为空字符串。在实际应用中，value 的属性值就是用户在该控件中输入的数据。可预先设置某固定值，如 value=" "。表单提交之后发送数据时，会以 "name=value" 这样的值对方式发送出去。

（4）required 属性表示该控件必须输入值，否则无法成功提交表单，为 HTML5 新增属性。

【实例 4-1】设置单行文本框。

表单中定义两个文本框接收用户输入"姓"和"名"，此实例中应用文本框常用属性，网页代码如图 4-3 所示。

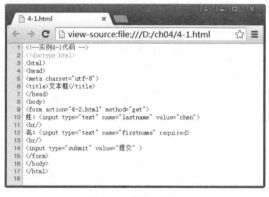

图4-3　网页代码

网页效果如图 4-4（a）所示。 第一个文本框 input 设置了 value 属性的值为"chen"。第二个文本框未定义该属性，其值默认为空字符串，但设置了 required 属性表示该内容为必填项。

当用户在第二个文本框中输入"long" 然后提交表单时，会以"lastname=chen""firstname=long"这样的值对方式将表单中的数据发送出去。此实例代码中定义了表单数据发送方式为"GET"，表单提交后在浏览器的地址栏中可以看到提交的数据，如图 4-4（b）所示。

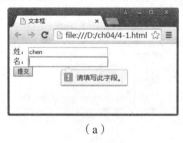

（a）

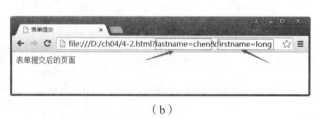

（b）

图4-4　网页效果

4.2.2 定义密码框

基本语法：

```
<form>
<input type="password" name=" "/>
</form>
```

语法说明：

（1）type 的属性值设置为"password"，定义 input 元素类型为密码框。

（2）在实际应用中，密码框中的 name 属性一般都会进行设置，在此不再赘述，其他常用属性可参考表 4-3。

【实例 4-2】密码框输入文本时显示为掩码。

网页代码如图 4-5 所示，网页效果如图 4-6 所示。

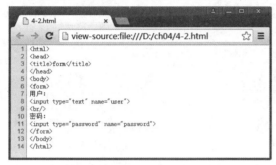

图4-5 网页代码　　　　　　　　　图4-6 网页效果

4.2.3 定义单选按钮

基本语法：

```
<form>
<input type="radio" checked="checked"/>
</form>
```

语法说明：

（1）type 的属性值设置为"radio"，定义 input 元素类型为单选按钮。

（2）添加 checked 属性，checked="checked" 或 checked 这两种写法都表示设置单选按钮为选中状态，反之，未设置该属性则表示为非选中状态。其他常用属性的设置可参考表 4-3。

【实例 4-3】单选按钮设置。

网页代码如图 4-7 所示，网页效果如图 4-8 所示。当用户点击一个单选按钮时，该按钮会变为选中状态，其他所有按钮会变为非选中状态。将多个单选按钮划分为一组，在同一组中只能有一个单选按钮被选中，可以通过将 name 属性设置为同一个值来实现。本实例中，第一个单选按钮设置了 checked="checked"，默认为选中状态，而这两个单选按钮只能有一个为选中状态，需要将这两个单选按钮的 name 属性都设置为 "Sex"。

图4-7　网页代码

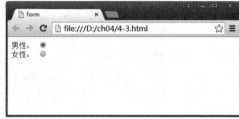

图4-8　网页效果

4.2.4　定义复选框

基本语法：

```
<form>
<input type="checkbox" checked="checked"/>
</form>
```

语法说明：

（1）type 的属性值设置为"checkbox"，定义 input 元素类型为复选框。

（2）添加 checked 属性，checked="checked" 或 checked 这两种写法都表示设置单选按钮为选中状态，反之，未设置该属性则表示为非选中状态。其他常用属性的设置可参考表 4-3。

【实例 4-4】设置复选框。

网页代码如图 4-9 所示，网页效果如图 4-10 所示。

图4-9　网页代码

图4-10　网页效果

4.2.5　定义标准按钮

基本语法：

```
<form>
<input type="button" value=" 按钮文本 "/>
</form>
```

语法说明：

（1）type 的属性值设置为"button"，定义 input 元素类型为标准按钮。

（2）value 属性设置按钮在网页上显示的文本，未设置时浏览器会设置默认值。"标准"

按钮大多与 JavaScript 的事件相结合来启动脚本。

【**实例 4-5**】设置标准按钮。

网页代码如图 4-11 所示，网页效果如图 4-12 所示。

图4-11　网页代码

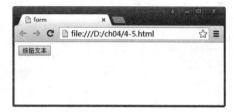

图4-12　网页效果

4.2.6　定义提交按钮

基本语法：

```
<form>
<input type="submit" value=" 按钮文本 "/>
</form>
```

语法说明：

（1）type 的属性值设置为"submit"，定义 input 元素类型为提交按钮。

（2）value 属性用于设置提交按钮在网页上显示的文本，未设置时浏览器会设置默认值。它与标准按钮的区别是当单击提交按钮时，会自动提交表单，单击标准按钮什么都不会发生，但在外观上和标准按钮没有差异。

【**实例 4-6**】添加提交按钮，单击之后会自动提交表单。

网页代码如图 4-13 所示，网页效果如图 4-14 所示。

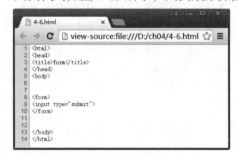

图4-13　网页代码

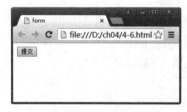

图4-14　网页效果

4.2.7　定义重置按钮

重置按钮可以一次性清空表单中的所有数据，方便用户重新输入信息。基本语法：

```
<form>
<input type="reset" value=" 按钮文本 "/>
</form>
```

语法说明：

（1）type 的属性值设置为 "reset"，定义 input 元素类型为重置按钮。

（2）value 属性用于设置重置按钮在网页上显示的文本，未设置时浏览器会设置默认值。

【实例 4-7】在表单中添加重置按钮，未设置 value 属性，该浏览器自动设置默认文本 "重置"，当单击重置按钮时会清空表单中的数据。

网页代码如图 4-15 所示，网页效果如图 4-16 所示。

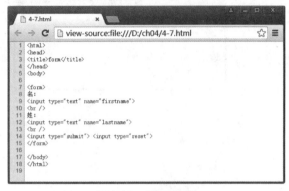

图4-15　网页代码

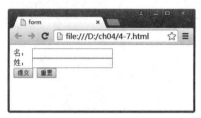

图4-16　网页效果

4.2.8　定义图像域

基本语法：

```
<form>
<input type="image" src="URL" alt=" " width=" " height=" " />
</form>
```

语法说明：

（1）type 的属性值设置为 "image"，定义 input 元素类型为图像域。

（2）src 属性为必要属性，用于指定图片源的地址。

（3）alt 属性为图像输入替代文本，为用户由于某些原因无法查看图像时提供了备选的信息。

（4）width 属性设置图片的宽度。

（5）height 属性设置图片的高度。

【实例 4-8】添加图像域。

网页代码如图 4-17 所示，网页效果如图 4-18 所示。通过 width 和 height 属性将图片尺寸设置成 40×40 大小。

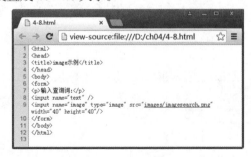

图4-17　网页代码

图4-18　网页效果

4.2.9 定义隐藏域

在表单中插入隐藏域，它不会显示在网页上，对用户来说是不可见的，它常会存储一个默认值，该值也可以由 JavaScript 进行修改。

基本语法：

```
<form>
<input type="hidden" name=" " value=" "/>
</form>
```

语法说明：

（1）type 的属性值设置为"hidden"，定义 input 元素类型为隐藏域。

（2）name 属性和 value 属性可参考 4.2.1 节。

【实例 4-9】添加隐藏域。

网页代码如图 4-19 所示，网页效果如图 4-20 所示。

图4-19 网页代码   图4-20 网页效果

4.2.10 定义文件域

文件域用于浏览并上传本地文件。

基本语法：

```
<form enctype="multipart/form-data" >
<input type="file" />
</form>
```

语法说明：

（1）type 的属性值设置为"file"，定义 input 元素类型为文件域。

（2）表单标记中需要设置"enctype=multipart/form-data"，否则无法提交数据；enctype 属性的取值参考表 4-1。

【实例 4-10】添加文件域，外观效果在不同浏览器中有差异，比如 IE 浏览器和 chrome 浏览器。

网页代码如图 4-21 所示。

图4-21 网页代码

网页效果如图 4-22 和图 4-23 所示。

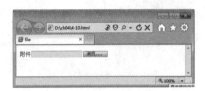

图4-22　IE浏览器网页效果　　　　　　　图4-23　chrome浏览器网页效果

4.2.11　定义日期选择器

HTML5 新增 Date Pickers 功能，可以自动为用户提供日期和时间输入框，可以使用户免于打字，提高输入数据的准确率和处理数据的效率。input 控件提供了多种可供选取日期和时间的类型，如表 4-4 所示。

表4-4　input元素的类型

值	描　　述
date	定义选取日、月、年的日期选择器
month	定义选取月、年的日期选择器
week	定义选取周、年的日期选择器
time	定义选取时间，时、分
datetime	定义选取时、分、日、月、年的日期和时间选择器（UTC 时间）
datetime-local	定义选取时、分、日、月、年的日期和时间选择器（本地时间）

基本语法：

```
<form>
<input type="Date 类型 "/>
</form>
```

语法说明：type 的属性值可设置表 4-4 所示中的任意一项。

目前不是所有版本的浏览器都支持，在 chrome 浏览器和 opera 浏览器中表现良好。即使不被支持，仍然可以显示为常规的文本域。

【实例 4-11】 添加 "date" 类型的日期选择器。

网页代码如图 4-24 所示，网页效果如图 4-25 所示。当控件获取焦点时，输入框的右侧出现按钮，单击下拉按钮会弹出日期选择器，并允许手动输入。

图4-24　网页代码　　　　　　　　　　　图4-25　网页效果

4.2.12 定义拾色器

在 HTML5 中 input 元素新增了 color 类型，该输入类型允许在拾色器中选取颜色。

基本语法：

```
<form>
<input type="color" />
</form>
```

语法说明：type 的属性值设置为 "color"，定义 input 元素类型为拾色器。

【实例 4-12】添加拾色器。

网页代码如图 4-26 所示，网页效果如图 4-27 所示。

图4-26 网页代码

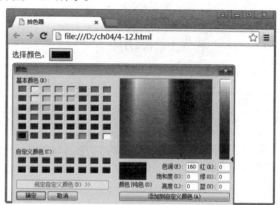

图4-27 网页效果

4.2.13 定义数值域文本框

数值域文本框为 HTML5 新增类型，用于输入数值，可以设定对所接受的数字的限定。

基本语法：

```
<form>
<input type="number" max=" " min=" " step=" " value=" "/>
</form>
```

语法说明：

（1）type 的属性值设置为 "number"，定义 input 元素类型为数值域文本框。

（2）max 属性设置允许输入的最大数值。

（3）min 属性设置允许输入的最小数值。

（4）step 属性规定数字间隔。

（5）value 属性设置默认值。

【实例 4-13】添加数值域文本框。

网页代码如图 4-28 所示，网页效果如图 4-29 所示。设定允许输入的最小值为 0，步长为 1，合法的数值为 0、1、2、3 等。

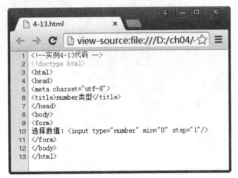

图4-28　网页代码

图4-29　网页效果

4.2.14　定义数值域滑动条

HTML5 新增类型 "range"，包含一定范围内数字值的输入域，与 "number" 类型不同的是该控件显示为滑动条。

基本语法：

```
<form>
<input type="range" max=" " min=" " step=" " value=" "/>
</form>
```

语法说明：

（1）type 的属性值设置为 "range"，定义 input 元素类型为数值域滑动条。

（2）max 属性设置允许输入的最大数值。

（3）min 属性设置允许输入的最小数值。

（4）step 属性规定数字间隔。

（5）value 属性设置默认值。

【实例 4-14】添加数值域滑动条。

网页代码如图 4-30 所示，网页效果如图 4-31 所示。

图4-30　网页代码

图4-31　网页效果

4.3　定义下拉列表

基本语法：

```
<form>
  <select name=" 名称 " multiple="multiple" size=" ">
    <option value=" 值 1"> 下拉列表第 1 名称 </option>
    <option value=" 值 2"> 下拉列表第 2 名称 </option>
            …
  </select>
</form>
```

语法说明：

（1）<select></select> 标记插入下拉列表。

（2）<option></option> 标记插入列表项，该标记不能独立使用，必须在 <select> 标记中使用，是一套组合标记。

（3）<select> 标记的 multiple 属性规定可同时选择多个选项。

（4）"size" 属性规定下拉列表中可见选项的数目。

（5）"name" 属性定义该控件的名称。

（6）<option> 标记中的 value 属性定义与选项相关联的值。

【实例 4-15】定义下拉列表。

第二个下拉列表设置可见选项为两项，结合 multiple 和 size 属性进行设置，如 <select name="car" multiple="multiple" size="2">。网页代码如图 4-32 所示。

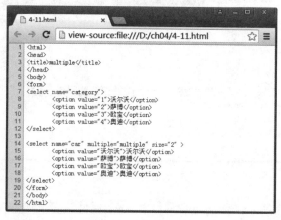

图4-32　网页代码

网页效果如图 4-33 所示。在表单发送时，将以 "name=value" 值对方式发送数据，比如第一个下拉列表。当用户选中沃尔沃时，下拉列表将发送数据 "category=1，选中项所在 option 标记中的 value 属性值为 "1"。网页效果如图 4-33 所示。

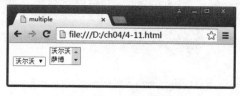

图4-33　网页效果

4.4　定义文本域

在表单中插入文字域，可用于编辑多行文本，使用 <textarea></textarea> 文字域标记。
基本语法：

```
<form>
    <textarea rows=" " cols=" " wrap=" ">内容</textarea>
</form>
```

语法说明：

（1）rows 属性设置文本区内的可见行数，即文本域高度。

（2）cols 属性设置文本区内的可见列数，即文本域宽度。

（3）wrap 属性文本区的换行模式，属性可选值如表 4-5 所示。

表4-5　wrap属性可选值

值	描　述
soft	当在表单中提交时，textarea 中的文本不换行。默认值
hard	当在表单中提交时，textarea 中的文本换行（包含换行符） 当使用 "hard" 时，必须规定 cols 属性

【实例 4-16】添加文本域控件。

网页代码如图 4-34 所示。

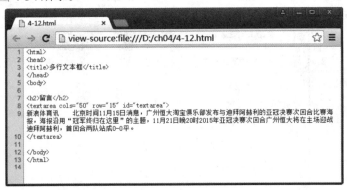

图4-34　网页代码

网页效果如图 4-35 所示。使用 cols 属性和 rows 属性设置文本域的可见列数和行数分别为 "50" 和 "15"。

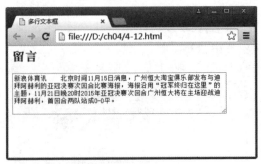

图4-35　网页效果

4.5　定义标签

<label> 标记为 input 元素定义标签，该标记不会向用户呈现任何特殊效果，不过，它为鼠标用户改进了可用性。表现为在 label 元素内单击文本，就会触发此控件。就是说，当用户选择该标记时，浏览器就会自动将焦点转到和标记相关的表单控件上。

基本语法：

```
<form>
<label for="inputId">标签值</label>
<input type="radio" id="inputId" />
</form>
```

语法说明：<label> 标记为双标记。该标记的 for 属性可把 <label> 绑定到另外一个元素，把 for 属性的值设置为相关元素的 id 属性的值。

【实例 4-17】<label> 标记为单选按钮定义标签。用户将鼠标移至定义"男"、"女"的 <label> 标记所在区域单击便可以选中右边的单选按钮。

网页代码如图 4-36 所示，网页效果如图 4-37 所示。

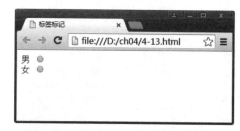

图4-36　网页代码　　　　　　　　　　图4-37　网页效果

4.6　HTML5表单数据内容变化

HTML5 WebForm2.0 是对目前 Web 表单的全面提升，它在保持了简便易用的特性的同时，增加了许多内置的控件或者控件属性来满足用户的需求，并且同时减少了开发人员的编程工作。

4.6.1　HTML5数据提交格式

HTML5 新增了一种数据提交格式 enctype="multipart/form-data"，允许 form 的内容以 XML 的形式提交。这意味着数据的提交从单纯的线性字符串走向结构性的对象数据。

```
<form action="xxx.htm" method="post" enctype="multipart/form-data">
<input type="text" name=" 名称 " value=" 值 "/>
</form>
```

服务器将接收到类似 JSON 这样的 XML 格式的表单数据。客户端传来的数据要用到多媒体传输协议，所以表单提交方式必须是 POST 方式。

4.6.2 HTML5数据提交范围

在之前讲到的表单控件必须放在 <form></form> 标记中，但 HTML5 标准对 form 标记有了新的规范和约束，使得表单可以定向索引，提交方式也更加灵活。

```
<form action="xxx.htm" enctype="multipart/form-data" id="login"
method="post">
<input type="text" name=" 名称 " value=" 值 "/>
</form>
<input type="file" form="login"/>
```

以上代码片段可以看出 HTML5 标准下可以使控件游离在 form 标记外，有助于用户不拘泥于页面的结构，可以在页面任意位置将数据提交出去。具体实现是基于 input 元素中 form 属性与 form 标记的 id 属性相绑定。

4.6.3 HTML5表单数据类型和控件标记增加

新增了表单数据类型。input 标记中 type 属性新增的取值如表 4-6 所示。

表4-6 type属性的新增取值

类 型	描 述
url	网址专用
email	电子邮件专用
date	日期专用
number	数字专用
range	滑动条
search	搜索框
color	颜色
telephone	电话类型

4.6.4 HTML5表单属性和验证方式进化

HTML5 在表单属性和验证其合法性方面进行了规范，大大节省了浏览器端的代码量，提高了代码效率和安全性。

（1）必填项属性 required。

（2）占位属性 placeholder，即还未输入内容的 input 中默认显示的占位字符。

（3）数字类型控件提供最大值 max 和最小值 min 的设置。

（4）正则表达式属性 pattern 定义比较复杂的规则。

（5）自动完成属性 autocomplete。这是一个双向属性，它开启时可以帮助用户尽快完成表单填写，关闭后又可以防止泄露个人隐私数据。

（6）设置步长 step 属性。

（7）其他新增属性。

【实例 4-18】HTML5 表单输入框显示提示信息。

在 HTML5 中，输入框新增 placeholder 属性，在还未输入内容的 input 中默认显示的占位字符。当用户开始输入数据时,显示的占位字符会自动隐藏,在实际应用中,一般用于输入提示。

网页代码如图 4-38 所示，网页效果如图 4-39 所示。在输入框中显示的灰色文本"请输入手机号"提示用户在填写表单时输入的内容，当用户单击输入框时，设置的占位字符随即隐藏。

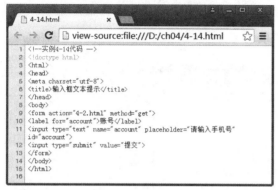

图4-38 网页代码

图4-39 网页效果

【**实例 4-19**】HTML5 表单输入框输入信息时有自动提示文本。

在一些表单中会自动提示输入文本，比如在百度搜索引擎的搜索框中输入查询词，会出现下拉列表自动提示一些与输入查询词相关的热点信息。要实现这样的案例，需要设置 input 元素的 list 属性，并使用 <datalist> 元素编辑自动提示文本的列表，代码如下：

```
<datalist id="query">
    <option value="HTML5 Web 开发 "></option>
    <option value="H5 前端技术开发 "></option>
    <option value="H5 表单设置 "></option>
</datalist>
```

<datalist> 元素是 HTML5 中新增的元素，用来辅助输入框中数据的输入。在 <datalist> 元素中使用 <option> 标记生成 <datalist> 元素的列表项，最后需要将输入框中的 list 属性值设置为 <datalist> 元素中 id 属性值，将输入框与 <datalist> 元素绑定。

网页代码如图 4-40 所示。

网页效果如图 4-41 所示。当用户输入第一个字符"h"时，<datalist> 元素以列表形式出现在输入框的底部，提示输入字符内容，如图 4-41 所示，将选中的内容显示在输入框中，<datalist> 元素自动隐藏。

图4-40 网页代码

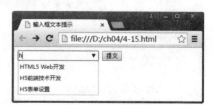

图4-41 网页效果

【**实例 4-20**】启用自动完成功能的表单。

HTML5 新增属性 autocomplete，表单默认为开启状态，它开启时可以帮助用户尽快完成表单填写，关闭后又可以防止泄露个人隐私数据。属性值 "on/off" 表示将自动完成功能设置为开启 / 关闭状态。

网页代码如图 4-42 所示。

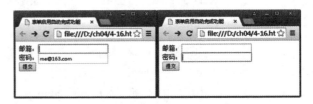

图4-42　网页代码

网页效果如图 4-43 所示。填写并提交表单，然后重新加载该页面，看看两个输入框的自动完成功能是如何工作的。如图 4-44 所示，用户在下次输入时，邮箱输入控件下方会显示历史输入数据 "me@163.com"，而密码一栏设置了 "autocomplete" 为 "off" 关闭状态，不会记录用户的历史数据，可防止隐私数据泄露，在下次输入时看不到历史信息。

图4-43　网页效果

图4-44　重新加载后的网页效果

【**实例 4-21**】特定或复杂条件的表单合法性验证。

对用户输入的信息有特定或是复杂要求的验证，比如用户名必须以字母、数字或下画线组成，不少于 6 个字符，在 HTML5 中可以启用 input 元素的 pattern 属性，使用正则表达式自定义合法性验证的规则，对用户输入的数据进行有效验证。pattern 属性适用于以下 <input> 类型：text、search、url、telephone、email 以及 password。

网页代码如图 4-45 所示，网页效果如图 4-46 所示。

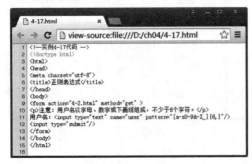

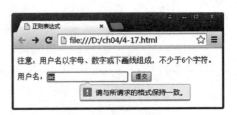

图4-45　网页代码　　　　　　　　　　图4-46　网页效果

实训任务——登录表单的制作

任务描述

需求提出：某电子商务网站要求注册用户必须登录后才能在该电商平台上进行购物、评论、查询购物车等活动。因此，需要制作登录页面。网页效果参考图4-47所示。

任务要求：使用表单及其表单控件制作登录页面，结合表格进行页面的布局。

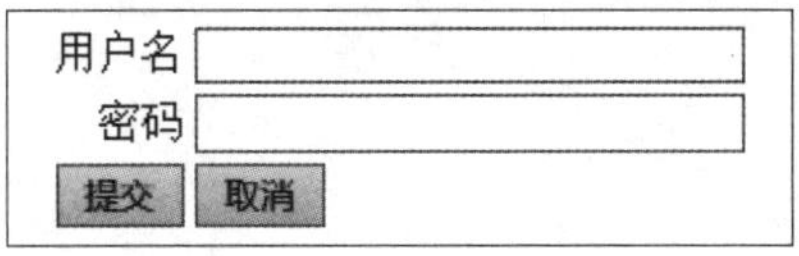

图4-47　网页效果

任务准备

（1）熟悉表单及其控件的基本语法及使用。

（2）使用表格进行页面布局。

任务实施

任务实施思路与方案

步骤一：添加表单标记。

步骤二：在表单标记中插入表格进行表单控件的排版。

步骤三：在表格适当位置上放入文本框、密码框、"提交"按钮和"重置"按钮。

HTML 文档编写的源代码参考如下：

```
<html>
<head>
<meta http-equiv="Content-Type" content="text/html; charset=utf-8">
<title> 登录 </title>
</head>
<body>
<form action="loginDeal.html" method="post">
    <table align="center">
    <tr>
            <td align="right"> 用户名 </td>
            <td><input type="text" name="username" size="29"
maxlength="13" ></td>
    </tr>
    <tr>
            <td align="right"> 密码 </td>
            <td><input type="password" name="password" size="30"
maxlength="13" ></td>
    </tr>
    <tr>
        <td><input type="submit" name="sumbit" value=" 提交 "
class="btn"></td>
            <td><input type="reset" name="reset" value=" 取消 "
class="btn"></td>
```

```
</tr>
</table>
</form>
</body>
</html>
```

技能训练——注册页面的设计与制作

训练目的

（1）学会表单的使用。

（2）掌握表单控件的设置。

（3）掌握应用表格进行内容布局。

训练内容

要求：制作会员注册页面。网页效果参考图 4-48。

素材：项目中涉及的图片、文字素材可扫描二维码进行下载。

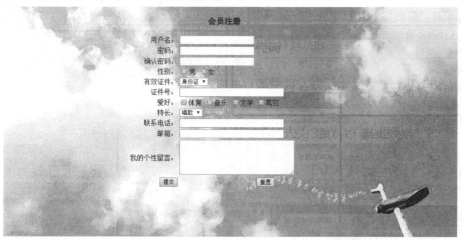

图4-48   网页效果

　　主要介绍 CSS 的基本语法、CSS 的引入方式、字体、文字排版、背景等基础样式设置，H5 视频、音频元素、canvas 元素的创建，以及盒子模型、元素定位、层布局，对页面内容进行美化与排版。

本篇构成：

第 **5** 单元
使用CSS美化页面

◎目标	掌握 CSS 的基本概念及其使用。 学会插入 CSS 样式表。 学会编写 CSS 文件。
◎重点	CSS 选择器类型的应用。 CSS 样式表的引入。

5.1　CSS 基础

5.1.1　CSS样式表的概念

CSS（Cascading Style Sheet）即层叠样式表或称级联样式表，简称样式表。样式是指对网页中的元素（文字、段落、图像、列表等）外观的整体概括，即描述所有网页元素的显示形式，如文字大小、字体、页面背景及图像大小等都是样式。

层叠就是指当 HTML 文件引用多个 CSS 文件时，如果 CSS 文件之间所定义的样式发生了冲突，将依据层次的先后来处理样式对内容的控制，遵循最近优先原则；CSS 还具有继承的特性，子元素会自然继承父元素的部分样式。

HTML 与 CSS 的关系：内容结构与表现形式的关系，HTML 确定网页结构和内容，CSS 决定页面元素的表现形式。

使用 CSS 的好处：

（1）内容和样式的分离，使得网页设计趋于明了、简洁。

（2）弥补 HTML 对标记属性控制的不足，如背景图像重复的控制和标题大小的控制等。在 HTML 中可控制的标题仅有 6 级，即 h1~h6，而利用 CSS 可以任意设置标题大小。

（3）精确控制网页布局，如行间距、字间距、段落缩进和图片定位等属性。

（4）提高网页效率，因为多个网页同时应用一个 CSS 样式，既减少了代码的下载，又提高了浏览器的浏览速度和网页的更新速度。

（5）CSS 还有好多特殊功能，如鼠标指针属性控制鼠标的形状和滤镜属性控制图片的特效等。

5.1.2　CSS的选择器

基本语法：

```
selector {property:value; property:value …;}
```

语法说明：

① selector 代表选择器（选择符）；property 代表属性；value 代表属性值。

② 在使用 CSS 语法定义属性和属性值时，属性与属性值之间与冒号隔开，如下所示：

```
p{color:red;}
```

③ 如果属性值有多个单词构成，单词之间有空格，那么必须给值加上引号，如下所示：

```
h1{font-family:"Courier New";}
```

④ 一个选择符需要定义多个属性时，属性与属性之间用分号隔开，如下所示：

```
p{font-size:12px;color:red;}
```

CSS 中通过各种选择器来关联网页元素，本质上是一种"网页元素"与"样式"对应关系。为了使 CSS 规则与 HTML 元素有效对应起来，就必须定义一套完整的规则，实现 CSS 对 HTML 的"选择"。

CSS 选择器具有多种不同类型，从大类上分主要有"基本"选择器和"复合"选择器。CSS 基本选择器有标记选择器、类选择器和 ID 选择器三种。

（1）标记选择器

基本语法：

```
标记名 { 样式属性：取值；样式属性：取值；…}
```

标记选择器示意图如图 5-1 所示。

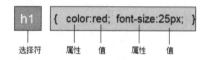

图5-1　标记选择器示意图

示例代码：

```
<style>
h1{color:red;
font-size;25px;
}
</style>
<h1>标记选择器 </h1>
```

说明：使用标记选择器 h1 与网页上所有 h1 标记元素相关联，即 {} 中的 CSS 语句作用于所有网页上的 h1 元素。

（2）类选择器

使用标记中的 class 属性设置类名称，将网页元素进行分类，用于定义一类相同样式的元素。在定义类选择器时，在自定义类名称的前面加一个句点（.）。

基本语法：

```
. 类名 { 样式属性：取值；样式属性：取值；…}
```

类选择器示意图如图 5-2 所示。

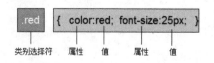

图5-2　类选择器示意图

示例代码：

```
<style>
.red{color:red;
font-size;25px;
}
</style>
<p class="red">class 选择器 </p>
```

说明：首先，在 `<p>` 标记中定义 class="red"，然后使用类选择器"`.red`"来定义相关的样式（字体颜色为红色，字体大小为 25 像素），样式将运用于该段落元素。

（3）ID 选择器

在 HTML 文档中，需要唯一标识一个元素时，就会赋予它一个 id 标识，以便在对整个文档进行处理时能够很快找到这个元素。而 id 选择器就是用来对这个单一元素定义单独的样式。其定义方法与类选择器大同小异，只需要把句点（.）改为井号（#），而设置时需要把 class 属性改为 id 属性。

基本语法：

标识名 { 样式属性：取值 ; 样式属性：取值 ;…}

ID 选择器示意图如图 5-3 所示。

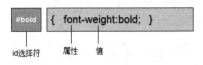

图5-3　ID选择符示意图

示例代码：

```
<style>
#bold{font-weight:bold;}
#green{color:green;}
</style>
<body>
<p id="bold">ID 选择器 1</p>
<p id="green">ID 选择器 2</p>
</body>
```

说明：首先，在 `<p>` 标记中定义 id="bold"，然后使用 ID 选择器"#bold"来定义相关的样式（字体加粗），样式将运用于设置 id="bold" 唯一的网页元素。

复合选择器主要有"交集"选择器、"并集"选择器和"包含选择器"三种。

（4）"交集"选择器

"交集"选择器由两个基本选择器构成。第一个必须是标记名，第二个必须是类别选择器或是 ID 选择器，中间不能有空格。

基本语法：

标记名 . 类名 (#id 名){ 样式属性：取值 ; 样式属性：取值 ;…}

交集选择器示意图如图 5-4 所示。

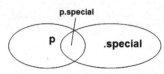

图5-4　交集选择器示意图

示例代码：

```
<style>
p.special{color:red;}
</style>
<p>…</p>
<h3>…<h3>
<p class="special">…</p>
<h3 class="special">…<h3>
```

说明：单独使用标记选择器或者类选择器都不能只关联一个元素，如第二个 <p> 元素，那么需要在此基础上缩小范围，观察代码不难发现，既满足标记为 <p> 又属于类 ".special"的只有一个元素，因此可以使用"交集"选择器"p.special"来实现。

（5）"并集"选择器

任何形式的选择器都可以作为并集选择器的一部分，是一种合并的写法。

基本语法：

选择器 1, 选择器 2{ 样式属性：取值；样式属性：取值；…}

并集选择器示意图如图 5-5 所示。

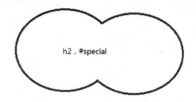

h2 , #special

图5-5 并集选择器示意图

示例代码：

```
<style>
h1{color:red;}
h3{
color:red;
font-size:14px;
}
.one{font-size:14px;}
</style>
<h1> 一级标题 </h1>
<h3> 三级标题 <h3>
```

<p class="one"> 段落 <p> 说明：将定义了相同 CSS 语句的元素进行合并书写，不同选择器之间用逗号隔开。使用并集选择器会使代码更加简洁，以上CSS代码可以用下面的代码替代，效果一样。

```
<style>
h1,h3{color:red;}
.one{font-size:14px;}
</style>
```

（6）包含选择器

包含选择器是对某种元素包含关系（如元素 A 里包含元素 B）定义的样式表。这种方式只对在元素 A 里的元素 B 进行定义，对单独的元素 A 或元素 B 无定义。

基本语法：

选择器 1 选择器 2{ 样式属性：取值；样式属性：取值；…}

示例代码：

```
<style>
p span{color:red;}
</style>
<p> 嵌套使用 <span>CSS</span> 标记的方法 </p>
<span> 标记不生效 </span>
```

说明：需要对嵌套在 `<p>` 标记中的 `<span>` 元素中的文本"CSS"设置字体颜色为红色，可以不设置类选择器和 ID 选择器的基础上，使用包含选择器"p span"，注意两个标记名称之间有空格。

（7）伪类

伪类不属于选择器，它是让页面呈现丰富表现力的特殊属性。之所以称为"伪"，是因为它指定的对象在文档中并不存在，它们指定的是元素的某种状态。

基本语法：

选择器：状态 { 样式属性：取值；样式属性：取值；…}

应用最广泛的伪类是链接的 4 个状态：未链接状态（a:link）；已访问链接状态（a:visited）；鼠标指针悬停在链接上的状态（a:hover）；被激活（在鼠标单击与释放之间发生的事件）的链接状态（a:active）。

选择器：状态 { 样式属性：取值；样式属性：取值；…}

示例代码：

```
a:link{text-decoration:none;color:#666;}
a:visited{text-decoration:none;color:#666;}
a:hover{text-decoration:underline;color:#000;}
a:active{text-decoration:none;color:#000;}
```

说明：使用"a: 状态"表示定义 `<a>` 标记在四种状态下的不同样式。

除了上面介绍的选择器以外，还可以应用其他选择器对网页上的元素进行控制，表 5-1 所示为 CSS3 中新增的选择器。

表5-1　CSS3中新增的选择器

选择器	语法描述	用　例
通用选择器	匹配任意元素	*{color:red;}
子选择器	只对直接后代元素（儿子结点）有影响，对孙子结点元素不起作用	div>p{color:red;}
兄弟选择器	兄弟元素分为紧邻（+）与非紧邻元素（~）	div+p{ color:red;} div~p{ color:red;}
属性选择器	对带有指定属性的 HTML 元素设置样式。CSS3 中新增了三个属性选择器	[title]{color:red;} [target=_blank]{color:red;} a[src^="https"] a[src$=".pdf"] a[src*="abc"]
结构化伪类选择器	CSS3 新增的选择器。通过元素在结构化上的关系控制元素	p:nth-of-type（2）或 p:nth-child（2） p:nth-last-of-type（2）或 p:nth-last-child（2） p:only-child p:first-of-type 或 p:first-child p:last-of-type 或 p:last-child p:empty

续表

选择器	语法描述	用　例
伪元素选择器	比如，在对应元素的内容之前或之后插入内容	li::before{content: 文字 /url（）;} li::after{content: 文字 /url（）;}

5.1.3　CSS样式表引入方式

介绍插入 CSS 样式表到 HTML 文档的三种常用方式，分别是链入外部样式表、内部样式表、嵌入样式表。

1. 链入外部样式表

基本语法：

```
<head>
…
<link rel="stylesheet" type="text/css" href="URL">
</head>
…
```

语法说明：rel="styleshee" 是指在 HTML 文件中使用的是外部样式表；type="text/css" 指明该文件的类型是样式表文件；href属性指定CSS样式表文件地址，一般使用相对路径来表示。

外部样式表文件中不能含有任何 HTML 标记，如 <head> 或 <style> 等。CSS 文件要和 HTML 文件一起发布到服务器上，这样在用浏览器打开网页时，浏览器会按照该 HTML 网页所链接的外部样式表来显示其风格。

一个外部样式表文件可以应用于多个 HTML 文件。当改变这个样式表文件时，所有网页的样式都随之改变。因此常用在制作大量相同样式的网页中，因为使用这种方法不仅能减少重复工作量，而且方便以后的修改和编辑，有利于站点的维护。同时在浏览网页时一次性将样式表文件下载，减少了代码的重复下载。

2. 内部样式表

基本语法：

```
<head>
<style type="text/css">
<!--
选择器 { 样式属性 : 取值 ; 样式属性 : 取值 ; …}
选择器 { 样式属性 : 取值 ; 样式属性 : 取值 ; …}
…
-->
</style>
</head>
```

语法说明：<style></style> 标记用来说明所要定义的样式；type="text/css" 说明这是一段 CSS 样式表代码；<!-- 与 --> 标记的加入是为了防止一些不支持 CSS 的浏览器，将 <style> 与 </style> 之间的 CSS 代码当成普通的字符串显示在网页中。

内部样式表方法就是将所有的样式表信息都列于 HTML 文件的头部，因此这些样式可以在整个 HTML 文件中调用。如果想对网页一次性加入样式表，即可选用该方法。

3. 嵌入样式表

基本语法：

```
<head>
…
</head>
<body>
…
< 标记名称 style=" 样式属性 : 取值 ; 样式属性 : 取值 ;…">
…
</body>
```

语法说明：style 属性中的内容就相当于样式表大括号里的内容。需要指出的是，style 属性可以应用于 HTML 文件中的 body 标记，以及除了 basefont、param 和 script 之外的任意元素。

利用这种方法定义的样式，其效果只能作用于某个标记，所以比较适用于指定网页中某小部分的显示风格，或某个元素的样式。

插入 CSS 时需要注意优先级问题，包括选择器的优先级和引入方式的优先级。遵循以下规律：

（1）嵌入样式 > 内部样式 > 外部样式。

（2）外部样式中，出现在后面的优先级高于出现在前面的。

（3）ID 选择器 > 类选择器 > 标记选择器。

5.2　CSS字体样式设置

5.2.1　设置字体

基本语法：

```
font-family : 字体 1, 字体 2, 字体 3, …;
```

语法说明：font-family 属性可以一次定义多个字体，而在浏览器读取字体时，会按照定义的先后顺序来决定选用哪种字体。若浏览器在计算机上找不到第一种字体，则自动读取第二种字体，若第二种字体也找不到，则自动读取第三种字体，依次类推。如果定义的所有字体都找不到，则选用计算机系统的默认字体。

示例代码：

```
div{font-family:Tahoma,Helvetica,arial,sans-serif;}
```

在定义英文字体时，若英文字体名是由多个单词组成的，并且单词之间有空格，那么一定要将字体名用引号（单引号或双引号）引起来。如 font-family:"Courier New"，表示定义字体为 Courier New。如果既有英文字体又有中文字体，顺序上将中文字体放在英文字体之后。

示例代码：

```
font-family:"Courier New", 黑体 ;
```

【实例 5-1】定义字体样式。

网页代码如图 5-6 所示。

网页效果如图 5-7 所示。

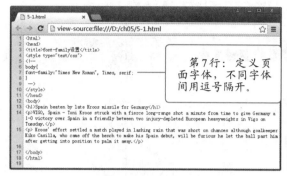

图5-6 网页代码 　　　　　　　　　图5-7 网页效果

5.2.2 设置字体大小

基本语法：

font-size：绝对尺寸 | 相对尺寸 | 关键字 | 百分比

语法说明：font-size 属性定义文字字体大小，下面介绍常用的度量单位。

（1）绝对尺寸：在大多数情况下是相对于某些实际量度而言的固定值，即是说它们一旦设定，就不会因为其他元素的字体尺寸变化而变化。比如：px、pt、pc、cm、mm 等，其中 px 是默认单位，也是常用单位。

（2）关键字：包括 xx-small、x-small、small、medium、large、x-large、xx-large 分 别代表极小、较小、小、中等、大、较大和极大。

（3）相对尺寸：没有一个固定的度量值，而是由父元素尺寸来决定的相对值，它们的尺寸会根据与其相关的元素改变而改变。比如：em、rem 等，其中 em 也是常用的字体单位。百分比：基于父元素中字体的大小为参考值的。

【实例 5-2】使用不同单位定义字体大小。

网页代码如图 5-8 所示。

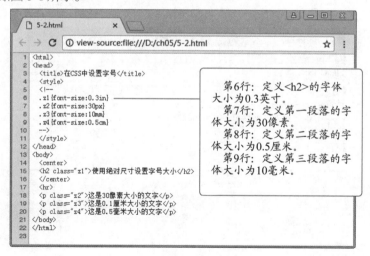

图5-8 网页代码

网页效果如图 5-9 所示。

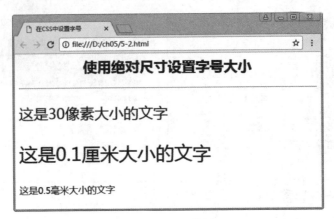

图5-9　网页效果

【实例 5-3】定义字体大小，使用 em 单位。

网页代码如图 5-10 所示。

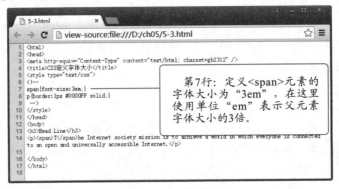

图5-10　网页代码

网页效果如图 5-11 所示。

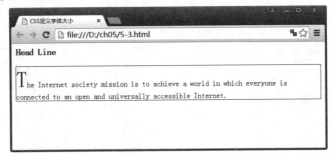

图5-11　网页效果

5.2.3　设置字体样式

基本语法：

```
font-style:normal|italic|oblique
```

语法说明：font-style 属性设置文字的斜体效果，该属性的取值如表 5-2 所示。

表5-2 font-style属性的取值

值	描　述
normal	默认值。浏览器显示一个标准的字体样式
italic	浏览器会显示一个斜体的字体样式
oblique	浏览器会显示一个倾斜的字体样式
inherit	规定应该从父元素继承字体样式

【实例5-4】定义字体倾斜样式。

网页代码如图5-12所示。

图5-12 网页代码

网页效果如图5-13所示。

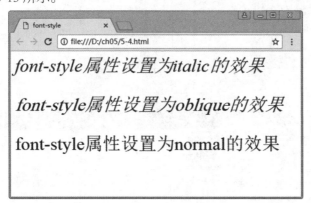

图5-13 网页效果

5.2.4 设置字体加粗

基本语法：

```
font-weight:normal|bold|bolder|lighter|number
```

语法说明：font-weight 属性定义文字加粗效果，该属性的取值如表 5-3 所示。

表5-3　font-weight属性的取值

值	描　　述
normal	默认值。定义标准的字符
bold	定义粗体字符
bolder	定义更粗的字符
lighter	定义更细的字符
Number（100）	定义由细到粗的字符。400 等同于 normal，而 700 等同于 bold
inherit	规定应该从父元素继承字体的粗细

【**实例 5-5**】定义字体加粗样式。

网页代码如图 5-14 所示。

第6行：设置"id=b1"段落的CSS属性"font-weight"为"normal"，表示为标准样式，未有加粗效果。
第7行：设置"id=b2"段落元素的"font-weight"属性为关键字"bold"，表示加粗效果。
第8行：设置"id=b3"段落元素的"font-weight"属性为关键字"bolder"，表示更粗。
第9行：设置"id=b4"段落元素的"font-weight"属性为关键字"lighter"，表示字体为细体。
第10~13行：定义所在元素的文本加粗效果分别为100，400，700，900。

图5-14　网页代码

网页效果如图 5-15 所示。

图5-15　网页效果

5.2.5　设置字体变体

基本语法：

```
font-variant:normal|small-caps
```

语法说明：font-variant 属性设置为 small-caps，表示英文字体显示为小型的大写字母；normal 表示正常的字体，默认值就为默认字体。

【实例 5-6】定义字体变体。

网页代码如图 5-16 所示，网页效果如图 5-17 所示。

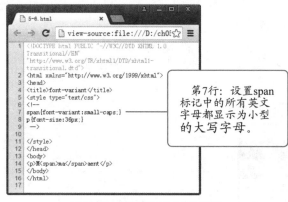

图5-16　CSS定义变体代码

图5-17　网页效果

5.2.6　设置组合字体属性

基本语法：

```
font:font-family|font-size|font-style|font-weight|font-variant
```

语法说明：font 属性主要用作不同字体属性的略写。属性与属性之间一定要用空格间隔开。

【实例 5-7】定义字体综合属性。

网页代码如图 5-18 所示。

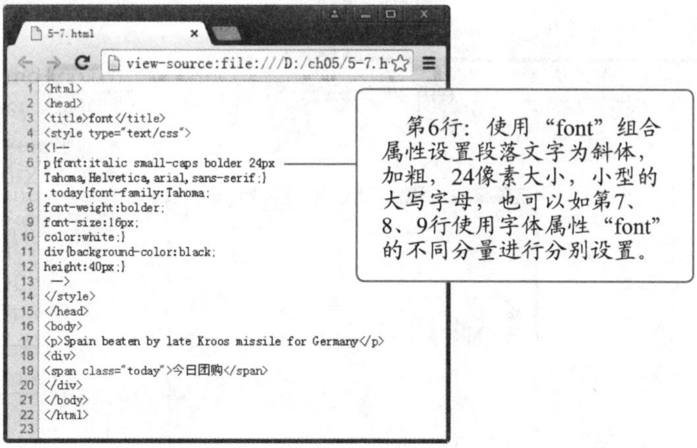

图5-18　CSS定义字体综合属性源代码

网页效果如图 5-19 所示。

图5-19　网页效果

5.2.7　设置文字颜色

基本语法：

color：颜色值；

语法说明："color"设置文字颜色，表示颜色的三种方式，颜色名称方式、十六进制方式、RGB方式，具体用法详见3.2.1节。

【实例5-8】定义字体颜色仿照google的logo。

网页代码如图5-20所示。

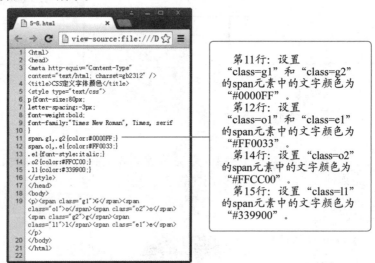

图5-20　网页代码

网页效果如图5-21所示。

图5-21　网页效果

5.3 文本精细排版

5.3.1 添加文本修饰

基本语法：

```
text-decoration:underline|overline|line-through|blink|none
```

语法说明：text-decoration 属性设置添加线，该属性的取值如表 5-4 所示。

表5-4 text-decoration属性的取值

值	描 述
none	默认。定义标准的文本
underline	定义文本下的一条线
overline	定义文本上的一条线
line-through	定义穿过文本下的一条线
blink	定义闪烁的文本，只有特定浏览器支持
inherit	规定应该从父元素继承 text-decoration 属性的值

【实例 5-9】添加文本修饰。

网页代码如图 5-22 所示。

第7行：设置"class=p1"段落元素的"text-decoration"属性为"underline"，即设置下画线效果。
第8行：将"class=p2"段落元素中的文本设置删除线效果。
第9行：将"class=p3"段落元素中的文本设置上画线效果。

图5-22 网页代码

网页效果如图 5-23 所示。

图5-23 网页效果

5.3.2　设置文本对齐方式

基本语法：

```
text-align:left|right|center|justify
```

语法说明：

（1）text-align 属性设置文本对齐方式。其中，left 代表左对齐方式；right 代表右对齐方式；center 代表居中对齐方式；justify 代表两端对齐方式。

（2）text-align 属性可应用于 HTML 中的任何块级标记，如 <p>、<h1> ~ <h6> 等。

【实例 5-10】设置文本对齐方式。

网页代码如图 5-24 所示。

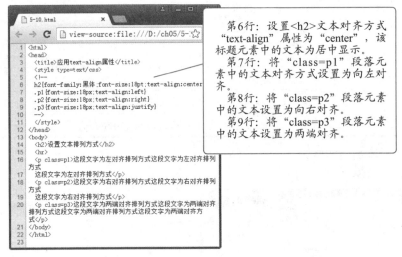

图5-24　网页代码

网页效果如图 5-25 所示。

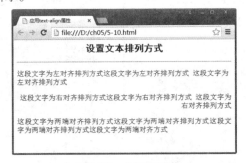

图5-25　网页效果

5.3.3　设置文本缩进

基本语法：

```
text-indent: 长度 | 百分比 ；
```

语法说明：text-indent 属性定义文本块中首行文本的缩进。这最常用于建立一个"标签页"效果。长度包括长度值和长度单位，长度单位同样可以使用之前提到的所有单位。百分比则是相对上一级元素的宽度而定的。允许指定负值。如果使用负值，那么首行会被缩进到左边，这会产生一种"悬挂缩进"的效果。

【**实例 5-11**】设置段落缩进。

网页代码如图 5-26 所示。

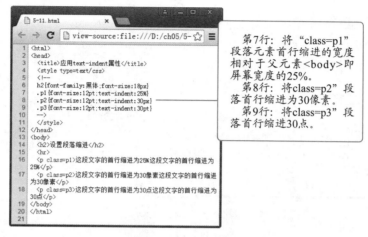

图5-26　网页代码

网页效果如图 5-27 所示。

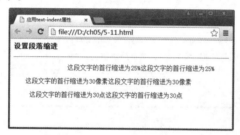

图5-27　网页效果

5.3.4　调整行高

基本语法：

```
line-height:normal| 数字 | 长度 | 百分比
```

语法说明：**normal** 为浏览器默认的行高，一般由字体大小属性来决定；"数字"表示行高为该元素字体大小与该数字相乘的结果；"长度"表示行高由长度值和长度单位确定；"百分比"表示行高是该元素字体大小的百分比。

【**实例 5-12**】line-height 属性设置行高。

网页代码如图 5-28 所示。

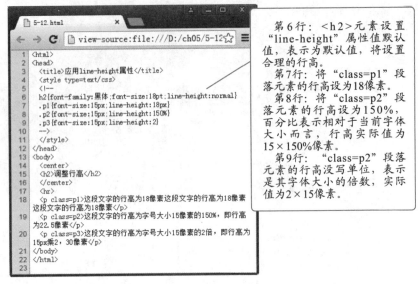

图5-28　网页代码

网页效果如图 5-29 所示。

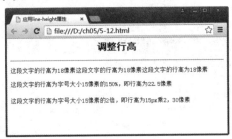

图5-29　网页效果

5.3.5　转换英文大小写

基本语法：

```
text-transform:uppercase|lowercase|capitalize|none
```

语法说明：text-transform 属性用于转换英文的大小写。该属性的取值如表 5-5 所示。

表5-5　text-transform属性值选项

值	描　　述
none	默认。定义带有小写字母和大写字母的标准的文本
capitalize	文本中的每个单词以大写字母开头
uppercase	定义仅有大写字母
lowercase	定义无大写字母，仅有小写字母
inherit	规定应该从父元素继承 text-transform 属性的值

【实例 5-13】英文大小写转换。

网页代码如图 5-30 所示。

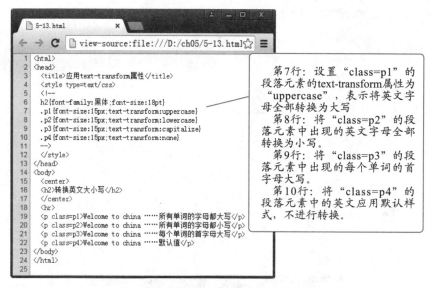

图5-30　网页代码

网页效果如图5-31所示。

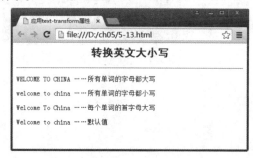

图5-31　网页效果

5.4　背 景 设 置

5.4.1　设置背景颜色

基本语法：

`background-color:关键字 |RGB 值 |transparent`

语法说明：关键字和RGB值的设置可以参考3.2.1节的介绍。transparent表示透明值，为默认值。

【实例5-14】设置整个页面的背景颜色，同时设置网页元素的背景色。

网页代码如图5-32所示。

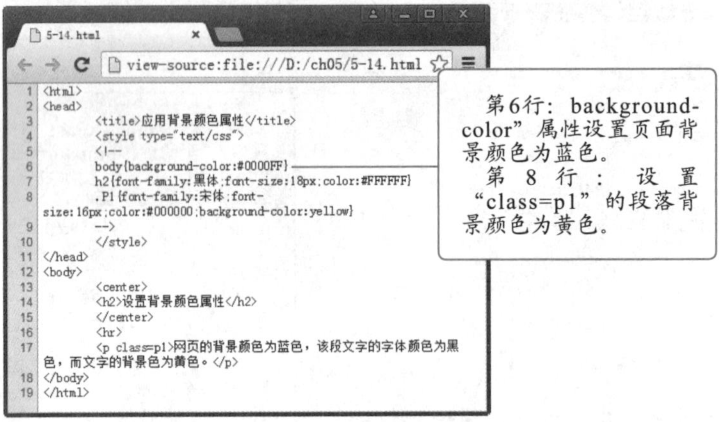

图5-32　网页代码

网页效果如图 5-33 所示。

图5-33　网页效果

5.4.2　插入背景图片

基本语法：

```
background-image:url|none
```

语法说明：URL 指定要插入的背景图片路径或名称。路径可以为绝对路径也可以为相对路径；图片的格式一般以 GIF、JPG 和 PNG 格式为主；none 值为默认值，表示不指定任何背景图片。

【实例 5-15】为整个页面设置背景图片，同时设置给网页元素的背景图片。

网页代码如图 5-34 所示。

图5-34　网页效果

网页效果如图 5-35 所示。

图5-35 网页效果

【**实例** 5-16】使用小图片设置背景图片的效果。

网页代码如图 5-36 所示。

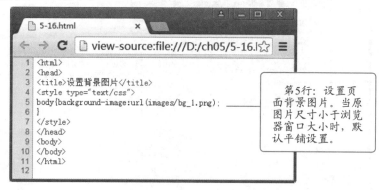

图5-36 网页代码

网页效果如图 5-37 所示。背景图片是 400×300 像素的大小，小于页面的宽度和高度，就自动会填充页面的空白，形成图片重复效果。

图5-37 网页效果

5.4.3 设置重复背景图片

基本语法：

```
background-repeat:repeat|repeat-x|repeat-y|no-repeat
```

语法说明：background-repeat 属性用于设置图片平铺效果。该属性的取值如表 5-6 所示。

表5-6　background-repeat属性值选项

值	描　　述
repeat	默认。背景图像将在垂直方向和水平方向重复
repeat-x	背景图像将在水平方向重复
repeat-y	背景图像将在垂直方向重复
no-repeat	背景图像将仅显示一次
inherit	规定应该从父元素继承 background-repeat 属性的设置

【实例 5-17】设置背景图片不进行平铺。

网页代码如图 5-38 所示。

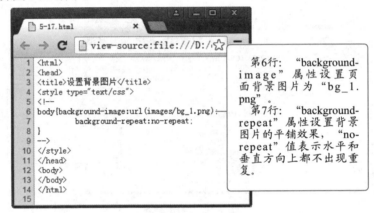

图5-38　网页代码

网页效果如图 5-39 所示。

图5-39　网页效果

5.4.4　插入背景附件

基本语法：

```
background-attachment:scroll|fixed
```

语法说明：scroll 表示背景图片是随着滚动条的移动而移动，为默认值；fixed 表示背景图片固定在页面上不动，不随着滚动条的移动而移动。

5.4.5　设置背景图片位置

基本语法：

```
background-position：百分比 | 数值键字
```

语法说明：利用百分比和数值设置图片位置时，需要指定两个值，第一个代表水平位置，第二个代表垂直位置，两个值之间用空格隔开。默认值为"0% 0%"或是"0 0"，表示此时背景图片将被定位于对象内容区域的左上角。"100% 100%"表示右下角。使用数值时允许使用负值。

关键字在水平方向主要有 left、center、right，表示居左、居中和居右。表示垂直方向的关键字主要有 top、center、bottom，表示顶端、居中和底端。其中水平方向和垂直方向的关键字可相互搭配使用。

另外，设置 background-position 属性必须先指定 background-image 属性。表 5-7 所示是使用百分比和关键字对比的参照表。

表5-7　使用百分比和关键字对比说明

关 键 字	百 分 比	说 明
left top	0%　0%	左上位置
center top	50%　0%	靠上居中位置
right top	100%　0%	右上位置
center left	0%　50%	靠左居中位置
center center	50%　50%	正中位置
center right	100%　50%	靠右居中位置
left bottom	0%　100%	左下位置
center bottom	50%　100%	靠下居中位置
right bottom	100%　100%	右下位置

【实例 5-18】设置背景图片位置。

网页代码如图 5-40 所示，网页效果如图 5-41 所示。

图5-40　网页代码　　　　　　　　图5-41　网页效果

5.4.6　设置背景组合属性

基本语法：

```
background:background-color|background-position|background-image|background-repeat| background-attachment
```

语法说明：background 属性为组合属性（或称综合属性），在该属性中设置所有的背景属性如表 5-8 所示，其中 background-size、background-origin、background-clip 是 CSS3 新增属性。

表5-8　background属性的取值

值	描　述	CSS
background-color	规定要使用的背景颜色	1
background-position	规定背景图像的位置	1
background-size	规定背景图片的尺寸	3
background-repeat	规定如何重复背景图像	1
background-origin	规定背景图片的定位区域	3
background-clip	规定背景的绘制区域	3
background-attachment	规定背景图像是否固定或者随着页面的其余部分滚动	1
background-image	规定要使用的背景图像	1
inherit	规定应该从父元素继承 background 属性的设置	1

【实例 5-19】设置 background 组合属性。

网页代码如图 5-42 所示，网页效果如图 5-43 所示。此实例中使用"-40px 50%"设置图片位置，使用了负值，表示背景图片反向移动，移出所在对象区域部分不显示。

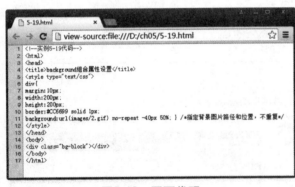

图5-42　网页代码

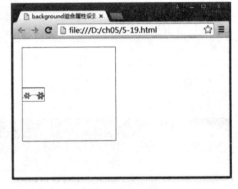

图5-43　网页效果

实训任务——百度搜索结果页面的样式设置

任务描述

需求提出：仿照百度搜索结果页面上文字样式的设置，需要对页面文字进行精细的样式控制。

任务要求：使用 CSS 样式表字体样式、文字排版等设置。网页效果参考图 5-44。

图5-44 网页效果

任务准备

（1）熟悉 CSS 字体样式的设置。

（2）熟悉使用 CSS 精细排版文本。

任务实施

1. 任务实施思路与方案

步骤一：添加 HTML 内容，如标题、段落等。

步骤二：使用 CSS 设置标题的颜色、字体大小、下画线。

步骤三：使用 CSS 设置摘要段落的文字颜色、大小、行高等。

2. HTML 文档编写的源代码参考

```
<html>
<head>
<title>文字设置 </title>
<style type="text/css">
span{color:green;
font-family:Arial,Helvetica,sans-serif;
font-weight:400;
font-size:13px;
}
.h{font-size:18px;}
p{
line-height:20px; width:500px;
font-size:13px;}
</style>
</head>
<body>
<p><a href="#" class="h">国务院办公厅关于 2017 年部分 <b> 节假日 </b> 安排的通知 </a><br />
    根据国务院《关于修改＜全国年节及纪念日放假办法＞的决定》，为便于各地区、各部门及早合
理安排节假日旅游、交通运输、生产经营等有关工作，经国务院批准，现将 2017 年 ...<br />
    <span>www.gov.cn/zwgk/2010-12/10/content_176264 ... 2010-12-10 </span>-
<a href="#" class="m">百度快照 </a>
    </p>
</body>
</html>
```

技能训练——音乐页面的样式设置

训练目的

（1）学会使用 CSS 样式表设置字体样式。

（2）学会使用 CSS 设置背景图片。

训练内容

要求：编写 CSS 代码美化"音乐"网页。网页效果参考图 5-45（在原有代码基础上完善 CSS 代码）。

素材：项目中涉及的图片、文字素材可扫描二维码进行下载。

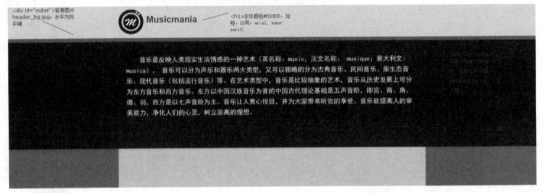

图5-45　网页效果

第 **6** 单元

层与区块的页面布局

◎目标	掌握层的创建。 掌握盒子模型的概念。 能够使用层进行页面布局。
◎重点	层的创建。 元素活动与定位。 填充与边距的应用。

6.1 CSS布局基础

关于网页布局，第 3 单元详细介绍了使用表格进行内容排版，即页面布局，这种布局方式在过去得以流行，但是如今已经被层布局方式所取代。表格布局表现出来的缺陷主要有以下几个方面：

（1）表格式布局方式将表现层与网页结构混在了一起，也就是说一旦定义好布局，除非重新创建一个新的页面使用新的布局，否则无法对页面的布局方式进行动态的更改。在 Web 2.0 时代，网页布局的个性化日趋重要，而使用表格式布局，除非手动地创建一个新的页面或页面模板，否则无法动态地适应用户的变更需求。

（2）简单的布局方式使用表格式布局确实方便有效，但是当布局复杂时，表格式布局方式需要进行多层的表格嵌套，复杂的嵌套在更改和维护时会变得非常困难。

（3）过多的嵌套会带来浏览器解析的缓慢。

（4）表格式布局会带来过多冗余的代码，当布局结构复杂时，会看到大量的 <tr>、<td> 之类的标签及相关的格式化属性设置，造成网站编码可读性差，非常不利于网站编码人员的维护。

随着网站规模日益扩大，CSS 技术的完善，表格式布局就变得有些力不从心了。本单元将介绍使用 DIV+CSS 的方式进行页面布局，DIV 布局相对灵活、简洁、易于修改和维护。在深入理解层布局之前，先要了解网页文档的默认布局方式，文档流的概念和盒子模型。

6.1.1 文档流的概念

文档流又称标准文档流，是文档中可显示对象在排列时所占用的位置。按照网页文档上的代码出现的位置从上到下，从左到右进行显示，这也是浏览器解析网页文档默认的方式。

比如 <div> 标记它默认占用一整行，<p> 标记默认占用宽度也是一整行，按照标记出现的先后次序从上到下来显示，而 <img> 标记可以在同一行上出现多个，从左到右依次显示，直到最后一个元素的右边没有足够的空间容纳下一个元素，那么换行会显示，图 6-1 所示。网页中大部分元素默认是占用文档流，也有一些是不占文档流的，比如表单中隐藏域。

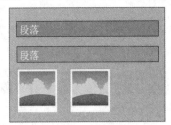

图6-1　文档流

在本单元后面还会详细介绍设置元素的浮动属性和定位方式来使网页元素脱离文档流。在文档流中不同的网页元素所表现出来的特性也有不同，如 <p> 元素独占一行，而 <img> 元素一行上可显示多个，因此，可将网页元素分为顶级元素、块级元素和行内元素。

6.1.2　块级元素与行内元素

（1）顶级元素

顶级元素（top-level）包括 html 标记、body 标记、frameset 标记，表现如块级元素。

（2）块级元素

块级元素（block element）一般是其他元素的容器元素，能容纳其他块元素或行内元素。最常见的是 p 和 div 这两个标签，说的简单点，块级元素就好比一个方盒子，还可以放其他的盒子。默认情况下块级元素是独占一行的。常见的块级元素有 <div>、<h1> … <h6>、<p>、<ul>、<ol>、<li>、<table> <tr><td>、<form> 等。

（3）行内元素

行内元素（inline element）也叫内联元素，行内元素只能容纳文本或者其他行内元素，它允许其他行内元素与其位于同一行，但宽度（width）高度（height）不起作用。常见行内元素为 <span>、<a>、<img> 等。

例如，可以给 div 标记或 p 标记应用下面的样式，但是 a 标记却无法应用该样式：

```
div{width:100px; height:100px;}
```

可以通过样式 display 属性来改变元素的显示方式。当 display 的值设为 block 时，元素将以块级方式呈现；当 display 值设为 inline 时，元素将以行内形式呈现。所以可以给 a 标签应用以下样式：

```
a{display:block; width:50px; height:50px;}
```

6.2　创　建　层

整个网页文档内容需要进行分区，把文档内容分割为独立的、不同的部分。<div> 标记可定义文档中的分区或节（division/section），它可以用作严格的组织工具，并且不使用任何格式与其关联。

<div> 是一个块级元素，这意味着它的内容自动地在新行上开始。实际上，换行是 <div> 固有的唯一格式表现。可以通过 <div> 的 class 或 id 属性应用额外的样式。可以对同一个 <div> 元素应用 class 或 id 属性，但是更常见的情况是只应用其中一种。

创建层的基本语法：

```
<div>…</div>
```

语法说明：<div> 标记为双标记，标记中可以嵌套表示用于显示的 HTML 标记。

6.3　盒子模型

盒子模型是 CSS 的核心知识点之一，它指定元素如何显示以及相互的影响。页面上的每个元素都被看成一个矩形盒子，这个盒子由内容（content）、填充（padding）、边框（border）、边距（margin）这四个要素组成，如图 6-2 所示。

图6-2　盒子模型

为了深入理解盒子模型，以照片墙为例，照片（content）周围有空白（padding）存在，使得照片可以不紧贴照片框（border），空白延伸到照片框，每幅照片之间还有间隔（margin），如图 6-3 所示。

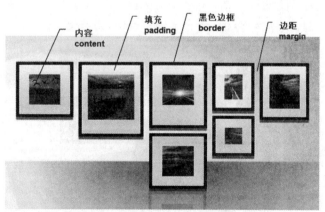

图6-3　照片墙盒子模型应用

网页元素可以看成是这里的一幅幅照片，设置网页元素的填充可以在内容周围创建一个隔离带，使内容不与边框连接在一起。如果给网页元素设置背景，那么背景应用于元素的内容和填充组成的区域。网页元素可以设置边框样式、宽度和颜色。外边距是透明的，一般使用它控制元素之间的间隔。

　　填充（padding）、边框（border）、边距（margin）盒子模型中的三个要素在上（top）、右（right）、下（bottom）、左（left）这四个方向上可以分别进行设置，也可以同时进行设置。

　　盒子模型在浏览器不同模式下的解释有所不同，在浏览器标准模式与混杂模式下网页元素的实际宽度（width）和实际高度（height）的计算就所有不同，如表6-1所示。什么是标准模式与混杂模式在第2单元中已有阐述，在此不再赘述。

表6-1　浏览器标准模式下元素的宽度和高度

浏览器标准模式下	
实际宽度	width +padding-left + padding-right + border-left-width + border-right-width
实际高度	heigth +padding-top +padding-bottom + border-top-width + border-bottom-width

　　标准模式下的盒子模型如图6-4所示。width和height属性表示网页元素（content）的宽度和高度不包括四个方向上的填充和边框的宽度和高度。

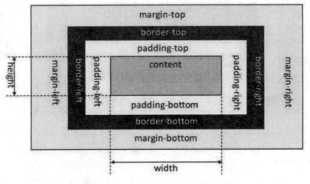

图6-4　标准盒子模型图

　　混杂模式下元素的实际宽度和高度就是width和height属性设置的值，除了内容还包括上下左右的填充和边框。混杂模式下的盒子模型如图6-5所示。

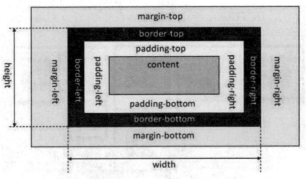

图6-5　混杂盒子模型图

　　在CSS3中新增了box-sizing属性用于定义盒子的宽度值和高度值是否包含元素的内边距和边框。该属性可以统一指定浏览器使用何种模式来解析盒子的实际尺寸。

6.4 边框属性

根据盒子模型来看，网页元素分别有上、右、下、左四条边框，可以给这四条边框设置不同或相同的样式、宽度和颜色。

每一条边框上的样式（style）、宽度（width）和颜色（color）有对应的 CSS 属性进行设置，也可以在组合属性中同时设置，如图 6-6 所示。

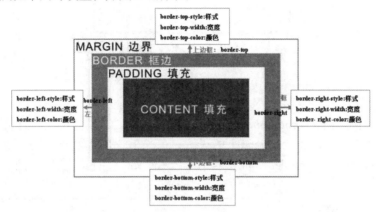

图6-6 边框属性设置

其中，边框样式属性 style 的取值如表 6-2 所示。

表6-2 style属性的取值

值	描 述
none	定义无边框
hidden	与 none 相同。不过应用于表时除外，对于表，hidden 用于解决边框冲突
dotted	定义点状边框。在大多数浏览器中呈现为实线
dashed	定义虚线。在大多数浏览器中呈现为实线
solid	定义实线
double	定义双线。双线的宽度等于 border-width 的值
groove	定义 3D 凹槽边框。其效果取决于 border-color 的值
ridge	定义 3D 垄状边框。其效果取决于 border-color 的值
inset	定义 3D inset 边框。其效果取决于 border-color 的值
outset	定义 3D outset 边框。其效果取决于 border-color 的值
inherit	规定应该从父元素继承边框样式

【实例 6-1】设置段落文字的上边框为双实线、宽度为 2 像素，颜色为红色。

第一种方案：

```
p{
 border-top-style:double;
border-top-width:2px;
border-top-color:#FF0000;
 }
```

可以通过上边框（border-top）上的 3 个不同 C SS 属性（style、width、color、）进行分开定义边框的样式、粗细和颜色。网页效果如 6-7 所示。

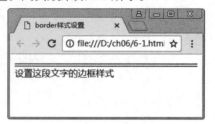

图6-7　网页效果

第二种方案：

```
p { border-top:double 2px #FF0000;}
```

第二种方案中使用的 border-top 属性是一个组合属性，该属性可以同时设置样式、宽度和颜色，分别用三个值代表三个分量上的设置，值与值之间用空格分隔。除了 border-top、border-bottom、border-left、border-right 这四个组合属性外，还有其他组合属性如表 6-3 所示。

表6-3　边框组合属性设置

设置内容	样式属性	说　　明
样式综合设置	border-style	取 1~4 个值。1 个值表示所有边框；2 个值表示上下（第一个分量）、左右（第二个分量）；3 个值表示上（第一个分量）、左右（第二个分量）、下（第三个分量）;4 个值表示上、右、下、左，按顺时针方向。
宽度综合设置	border-width	
颜色综合设置	border-color	
边框综合设置	border	4 边的样式、宽度、颜色

【实例 6-2】使用组合属性设置 div 元素的四条边框样式为实线。

```
div{ border-style:solid;}
```

使用组合属性 border-style 设置边框样式，属性值中只有 1 个值表示定义所有边框样式。网页效果如图 6-8 所示。

【实例 6-3】使用组合属性设置 div 元素的上边框样式为实线，右边框为虚线，下边框为双实线，左边框为点线。

```
div{
border-style:solid dashed double dotted;
height:80px;
}
```

使用组合属性 border-style 设置边框样式，属性值中有 4 个值表示按顺时针方向分别定义上、右、下、左方向上的边框样式。

网页效果如图 6-9 所示。

图6-8　实例6-2的网页效果

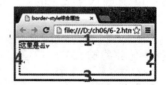

图6-9　实例6-3的网页效果

【**实例6-4**】使用组合属性设置段落文字的四条边框为实线，宽度为1像素，蓝色。

```
p{
border:solid 1px #0000FF;
}
```

网页效果如图6-10所示。

图6-10　实例6-4的网页效果

边框border-width和border-color这两个组合属性的用法与border-style相似，不再重述。

在CSS3中设置新增边框属性，如表6-4所示，可以创建圆角边框、添加边框阴影、使用图片来绘制边框。

表6-4　CSS3新增的边框属性

设置内容	样式属性	说　明
圆角边框设置	border-radius	设置所有四个border-*-radius属性的简写属性
边框阴影设置	box-shadow	向边框添加一个或多个阴影
图片边框设置	border-image	设置所有border-image-*属性的简写属性

6.5　填充属性

填充（padding）也称内边距，在盒子模型中用于调整元素内容到边框的距离。设置填充的CSS属性如表6-5所示。

表6-5　填充组合属性设置

设置内容	样式属性	说　明
上内边距	padding-top	长度 | 百分比，其中，百分比是相对于上级元素宽度width的百分比，随着上级元素width的变化而变化，和高度height无关
右内边距	padding-right	
下内边距	padding-bottom	
左内边距	padding-left	
内边距	padding	取1~4个值。可参考border-style设置

【**实例6-5**】填充属性设置。

网页代码如图6-11所示，网页效果如图6-12所示。第一段文字".b1"设置了绿色双实线边框，宽度为10像素，未设置填充，段落元素默认值为0；第二段文字".b2"设置了红色实线边框，宽度为8像素，同时使用padding组合属性按顺时针方向依次设置上、右、下、左方向上的填充分别为35像素、10像素、15像素和25像素。

除了使用组合属性padding进行设置外，还可以在四个方向上进行分别设置，示例代码如下：

```
.b2{
    border:8px solid red;
    padding-top:35px;
    padding-right:10px;
    padding-bottom:15px;
    padding-left:25px;
}
```

图6-11　网页代码

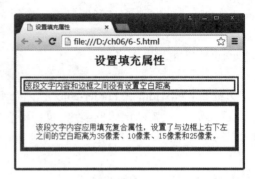

图6-12　网页效果

6.6　边距属性

边距（margin）也称外边距，用于网页元素周围生成额外的空白区。"空白区"通常是指其他元素不能出现且父元素背景可见的区域。如果把网页元素看成是一个个盒子，盒子与盒子之间的距离通过设置边距进行控制。

设置边距的 CSS 属性如表 6-6 所示。

表6-6　边距组合属性设置

设置内容	样式属性	说　　明
上边距	margin-top	长度｜百分比，其中，百分比是相对于上级元素宽度（width）的百分比，随着上级元素 width 的变化而变化，和高度（height）无关
右边距	margin-right	
下边距	margin-bottom	
左边距	margin-left	
边距	margin	取 1~4 个值。可参考 border-style 设置

【实例 6-6】设置图片和 div 层这两种元素的边距。

网页代码如图 6-13 所示，网页效果如图 6-14 所示。控制图片与层之间的距离，涉及设置层的上边距和图片下边距，两者同时设置或设置其中之一都可以。为了使图片不紧贴浏览器边缘显示，设置了图片的左边距。

图6-13　网页代码

图6-14　网页效果

<img> 和 <div> 标记是属于比较"干净"的标记，即固有的样式较少，但是很多标记都自带默认样式，如 <body>、<p>、<h1>~<h6>、<ul>、<li> 等标记都有默认的边距，默认值因浏览器的不同而不同。

为了方便地控制网页元素，一般情况下，会清除网页元素的内外边距，如清除页面的内外编辑示例代码如下：

```
body{
    padding:0px;
    margin : 0px;
}
```

小技巧：

使用CSS语句"margin: 数值 auto;"可以使块级元素在水平方向上居中显示（块级元素的宽度width小于屏幕宽度，通常需要先设置块级元素的宽度）。如层的居中显示，如图6-15所示。

图6-15　margin属性设置居中效果

6.7　元素浮动

网页元素默认是按照标准文档流的方式排版，比如页面上的块级元素从上到下依次显示，行内元素从左到右依次显示。如果要改变页面默认的布局，常常会用到 CSS 属性 float。设置浮动属性的网页元素会脱离标准文档流，紧贴着父元素的左右边框向左或向右浮动。

浮动属性（float）是 CSS 中频繁用于网页布局的属性，该属性的取值如表 6-7 所示。

表6-7　float属性的取值

值	描　　述
left	元素向左浮动
right	元素向右浮动
none	默认值。元素不浮动，并会显示在其在文本中出现的位置
inherit	规定应该从父元素继承 float 属性的值

块级元素的默认排列方式如图 6-16 所示，每个元素独占一行，新的元素在另一行上开始。如果使用 div 层进行三栏式的页面布局时，就需要设置 div 元素的 float 属性使层浮动起来，可在一行上显示多栏的效果。

原则上，浮动属性能适用于所有网页元素。观察下面设置了向左浮动和向右浮动元素的排列顺序。网页元素在使用 float 属性之后，会脱离标准文档流，此时块级

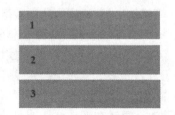

图6-16　块级元素的默认排列方式

元素会有明显的变化，表现出类似于行内元素的特征，默认元素的大小变成自适应元素内容的大小，能在一行上显示多个元素，只要余下的空间能容纳下一个元素。但跟行内元素相区

别的是仍可以使用 width 和 height 属性自定义元素大小。观察设置了向左浮动和向右浮动元素的排列顺序。

选择器 {float:left;} /* 元素向左浮动 */

选择器 {float:right;} /* 元素向右浮动 */

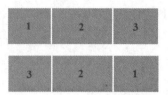

【实例 6-7】使用 float 属性实现图文并排的效果。

网页代码如图 6-17 所示，网页效果如图 6-18 所示。为了使段落出现在图片的右边，给段落元素设置了"float:right"，发现段落的位置没有发生变化，此时还需设置段落的宽度"width:300px"才能起作用，使图片右边的空间能容纳下该段落文字。

图6-17　网页代码

图6-18　网页效果

实现图文并排效果的 CSS 设置方式不止一种。对设置 float 属性的元素本身产生影响之外，浮动属性对其相邻元素也具有不同的影响，从而会影响整体页面布局，总结如表 6-8 所示。

表6-8　float属性影响相邻兄弟元素

当前元素分类 （float:left）	下一个紧邻元素分类 （不含 float）	结　　论
块级元素（a）或是行内元素（a）	块级元素（b）	b 会填充 a 遗留下来的空间，a 会和 b 发生重叠，a 的图层在上面
	行内元素（b）	b 会紧跟在 a 的后面，并根据自身行内元素的特点，决定是否换行

【实例 6-8】设置图片向左浮动。

网页代码如图 6-19 所示，网页效果如图 6-20 所示。

设置 <img> 元素的 float 属性，从网页效果来看与实例 6-7 相似，网页中有图片 <img>，属于行内元素；相邻元素为段落 <p>，属于块级元素。为了便于观察，不妨为段落添加边框、为图片设置外边距，适当拉伸浏览器的宽度。网页代码如图 6-21 所示，网页效果如图 6-22 所示。段落边框显示在图片外侧，段落并没有并列显示在图片的右边，而是两者发生了重叠，图片覆盖在段落的上方，而段落中的文字被挤压到了图片留下的空间里。分析出现这种现象的原因，图片使用了 float 属性脱离了标准文档流，后面的段落就出现在了图片的原来位置上。

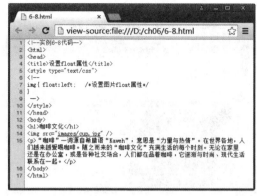

图6-19　网页代码

图6-20　网页效果

图6-21　网页代码

图6-22　网页效果

为了真正实现图片和段落的左右排版，在之前的基础上还需要设置段落"float:left"或"float:right"，建议此种情况下将图片和段落都设置为向左浮动，这样较容易控制图片与段落之间的距离。网页代码如图 6-23 所示，网页效果如图 6-24 所示。

图6-23　网页代码

图6-24　网页效果

【**实例 6-9**】将实例 6-8 中的网页上图片 <img> 和段落 <p> 交换前后顺序，同时将这两者的 float 属性设置为向右浮动，观察网页效果。

网页代码如图 6-25 所示，网页效果如图 6-26 所示。网页效果也为图文左右分布。从这个例子中可以看出 float 属性会影响网页元素的位置。

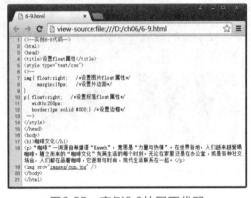

图6-25　实例6-9的网页代码

图6-26　实例6-9的网页效果

设置 float 元素后续相邻的是块级元素，那么两者会重叠，并挤压后者的内容。如果后续相邻的是行内元素，是否会有不同的影响。

【实例 6-10】为段落元素设置浮动属性，图片不设置浮动。

网页代码如图 6-27 所示，网页效果如图 6-28 所示。从网页效果来看，图片会紧跟在段落后面出现，只要段落左边或右边留下的空间能够容纳图片元素。

图6-27　实例6-10的网页代码

图6-28　实例6-10的网页效果

上述的实例都说明了 float 属性可以使盒子（网页元素）浮动起来，可以使块级元素在同一行上显示，并且会影响后续元素的位置，从而影响网页元素的布局。当网页上的盒子大小、高低不一时，不同高度的盒子也会影响页面布局，如图 6-29 所示。因此在实际页面布局时也要考虑网页元素高度的影响。

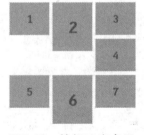

图6-29　块级元素布局

6.8　清除浮动

清除属性 clear 规定元素的哪一侧不允许其他浮动元素出现。该属性的取值如表 6-9 所示。

表6-9 clear属性的取值

值	描　述
left	在左侧不允许浮动元素
right	在右侧不允许浮动元素
both	在左右两侧均不允许浮动元素
none	默认值。允许浮动元素出现在两侧
inherit	规定应该从父元素继承 clear 属性的值

【实例 6-11】设置 <div> 层的 float 属性，使三个 div 层显示在同一行上，如图 6-30 所示。

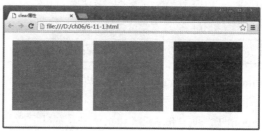

图6-30　网页代码和效果

如果要把第三个 <div> 层显示在新的一行上，此时可以考虑使用 clear 属性。问题是给第二个 div 层设置清除属性还是第三个 div 层设置清除属性。值得注意的是这个规则只能影响使用 clear 属性的元素本身，不能影响其他元素，所以第二个 div 层设置清除属性是不起效果的，如图 6-31 所示。

图6-31　网页代码和效果

小技巧：

> 在所有子元素的后面添加一个层<div></div>，设置该元素的CSS属性"clear:both"，可以将非浮动父元素的下边框显示在浮动子元素下方。

6.9 元 素 定 位

position 属性用于网页元素定位，相对于 float 属性更加灵活。该属性的取值如表6-10所示。

表6-10 position属性的取值

值	描　　述
absolute	生成绝对定位的元素，相对于 static 定位以外的第一个父元素进行定位；元素的位置通过"left""top""right"以及"bottom"属性进行规定
fixed	生成绝对定位的元素，相对于浏览器窗口进行定位；元素的位置通过"left""top""right"及"bottom"属性进行规定
relative	生成相对定位的元素，相对于其正常位置进行定位
static	默认值。没有定位，元素出现在正常的流中（忽略 top、bottom、left、right 或者 z-index 声明）
inherit	规定应该从父元素继承 position 属性的值

position 属性取"static"值时，即为标准文档流方式显示网页元素，该值也是 position 属性的默认值。此处不再赘述。

position 属性取"fixed"值时，它与绝对定位类似，但是定位的基准不是祖先元素，而是浏览器窗口或是其他显示设备窗口，即当拖动浏览器窗口滚动条时，固定定位的元素将保持相对于浏览器窗口不变的位置。

6.9.1 绝对定位

position 属性设置为"absolute"之后，还需要指定一定的偏移量，水平方向通过 left 或 right 属性来指定，垂直方向通过 top 或 bottom 属性来指定，此偏移量是对 static 以外的第一个父元素而言的，如果父元素都是默认 static 的定位方式，就参照 body 元素进行偏移。将元素设置为绝对定位之后，该元素就脱离标准文档流。

【实例 6-12】设置元素 Box-2 为绝对定位方式，使用 left 和 top 属性来指定水平和垂直方向的偏移量。

此实例中参照 body 元素进行偏移，即页面左上角为参考点（0,0），left 属性取正值表示该定位元素离页面左边框右移的距离，取负值则反向移动；top 属性取正值表示该定位元素离页面上边框下移的距离，取负值则反向移动。在 Dreamweaver 中的视图效果如图 6-32 所示。

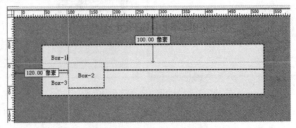

图6-32 绝对定位元素的正值偏移量

CSS 代码"left:120px;"表示 Box-2 在水平方向上的位置从页面左边框右移 120 像素，"top:100px;"表示 Box-2 在垂直方向上的位置从页面上边框下移 100 像素。元素 Box-2 设置了"position: absolute;"后脱离标准文档流，后续元素 Box-3 就好像元素 Box-2"不存在"，如图 6-33 所示。

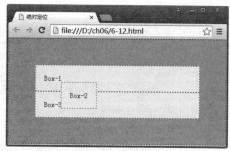

图6-33 网页代码和效果

【**实例** 6-13】设置元素 Box-2 为绝对定位方式，它的直接父元素也设置为绝对定位方式，那么元素 Box-2 移动的参考对象是设置"id=parent"的 div 层。left 和 top 属性设置为负值。移动效果如图 6-34 所示。

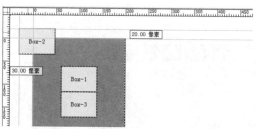

图6-34 绝对定位元素的负值偏移量

CSS 实例代码"left:-30px;"表示元素 Box-2 从直接父元素 div 层的左上角左移 30 像素，"top:-20px;"表示从直接父元素 div 层的左上角上移 20 像素，如图 6-35 所示。

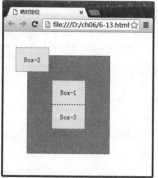

图6-35 网页代码和效果

6.9.2 相对定位

设置 Position 的取值为"relative"，对元素进行相对定位，配合 left 或 right 属性来指定水平方向上的偏移量，通过 top 或 bottom 属性来指定垂直方向上的偏移量。与绝对定位相区别的是，相对定位参照原来的位置（未设置定位方式为之前）进行偏移，并且该元素不脱离标准文档流。

【实例 6-14】设置元素 Box-2 为相对定位方式，结合 left 和 top 属性进行偏移，移动效果如图 6-36 所示。

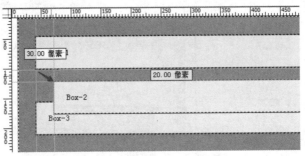

图6-36　相对定位元素的偏移

CSS 实例代码"position:relative;"将元素 Box-2 的定位方式设置为相对定位，未设置相对定位之前，元素 Box-2 的位置应出现在 Box-1 和 Box-3 正中间，设置"left:30px; top:20px;"表示从原来位置向右移动 30 像素，向下移动 20 像素；设置相对定位的元素 Box-2 未脱离标准文档流，对后续元素来说它还在原来位置上，如图 6-37 所示。

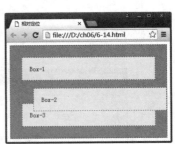

图6-37　网页代码和效果

6.9.3 z-index空间位置

z-index 属性用于调整定位时重叠元素的上下位置。默认的 z-index 属性为 0，从平面往外的方向是正值，反之则为负值。

【实例 6-15】设置 z-index 属性，该数值越大的元素越显示在上方。

网页代码如图 6-38 所示，网页效果如图 6-39 所示。元素 box1 的 z-index 属性值较大，该元素与box2重叠时出现在上层。

图6-38　网页代码

图6-39　网页效果

实训任务——"厂"字形页面布局设计

任务描述

需求提出：制作汽车展示的网页，网页内容包括页面顶部"水平导航栏"和"横幅"，右侧显示"汽车型号导航"，中间内容显示"推荐车型"和"备用零件"，网页底部显示"网站或公司信息"。需要将网页内容进行有效排版。

任务要求：使用div层进行"厂"字形页面布局。网页效果如图6-40所示。

图6-40　网页效果

任务准备

（1）了解页面常用布局结构，如二栏式、三栏式、"厂"字形等。

（2）熟悉盒子模型和层的使用。为了深入理解网页元素相互之间位置关系的影响与作用，更好地控制网页元素的排版与布局，还需要了解和掌握网页元素的固有属性和浏览器的默认工作方式。

任务实施

1. 任务实施思路与方案

制作网页就像建造和装修房子，在开工之前需要有设计图纸，所有的设计第一步就是构思，构思好了，一般来说还需要用 Photoshop 或 Fireworks 等图像处理软件将需要制作的界面布局简单地构画出来。

步骤一：根据构思图来规划页面的布局，仔细分析一下大致分为以下几个部分（见图 6-41）：

（1）顶部部分，其中又包括了水平导航栏（meun）、LOGO 和横幅（banner）图片。

（2）内容部分又可分为侧边栏、主体内容两大块。

（3）底部，包括一些版权信息。

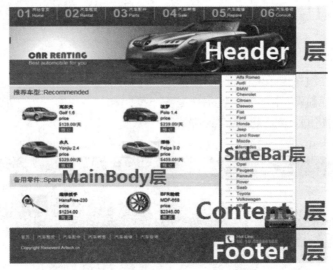

图6-41　页面区域划分

步骤二：根据以上分析，页面布局如图 6-42 所示。

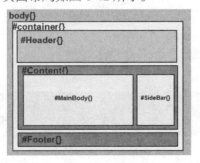

图6-42　div布局

根据布局图来说明一下层的嵌套关系。DIV 结构如下：

```
    | body {}
└ #Container {}   /* 页面层容器 */
        ├ #Header {}    /* 页面头部 */
        ├ #Content {}    /* 页面主体 */
        |    ├ #Sidebar {}    /* 侧边栏 */
        |    └ #MainBody {}    /* 主体内容 */
        └ #Footer {}    /* 页面底部 */
```

2. HTML 文档编写的源代码参考

```
<!DOCTYPE html>
<html>
<head>
<meta charset="utf-8">
<title>div+css 页面布局 </title>
<style type="text/css">
<!--
div{border:solid 2px #000000;}
#container{
    background-color:#FFFFCC;
    width:1000px;
margin:0 auto;}
#header,#content,#footer{
    width:900px;
    height:100px;
    margin:0 auto;}
#header{background-color:#33FFCC;}
#content{
    background-color:#0099CC;
    height:300px;
    margin-top:20px;
    margin-bottom:20px;
    padding:25px 0px;;}
#footer{
    background-color:#FF66CC;
height:50px;
    margin-bottom:10px;}
#mainbody,#sidebar{
    background-color:#FFFF33;float:left;
    height:290px;}
    #mainbody{
    width:600px;
    margin:0px 10px;}
#sidebar{width:260px;}
-->
</style>
</head>
<body>
<div id="container">
#container
        <div id="header">#header</div>
        <div id="content">
                    <div id="mainbody">#mainbody</div>
```

```
                    <div id="sidebar">#sidebar</div>
        </div>
        <div id="footer">#footer</div>
    </div>
    </body>
    </html>
```

技能训练——DIV+CSS页面布局建站

训练目的

（1）学会规划网站。

（2）学会创建布局模板及文件目录等。

（3）学会网页基本布局的基础，使用 div 层进行布局。

（4）学会使用 float 属性设置层浮动。

（5）解决浏览器兼容性问题。

训练内容

要求：使用 DIV+CSS 搭建"硬件商店"网页，网页效果参考图 6-43。

素材：项目中涉及的图片、文字素材可扫描二维码进行下载。

图6-43　网页效果

第 **7** 单元

多媒体页面设计

◎目标	学会 HTML5 audio 元素的使用。 学会 HTML5 video 元素的使用。 学会 canvas 画布元素的使用。
◎重点	设置 audio 播放音频文件。 设置 video 播放视频文件。 canvas 元素的设置。

7.1　HTML5多媒体元素

在 HTML5 之前，很多多媒体功能如视频、动画、交互，通常都需要用到 Flash、QuickTime 等插件来实现。而 HTML5 获得批准，音频和视频像文本及图片一样，成为任何网页的标准部分，意味着网页不需要加载任何播放器就能播放声音和视频，这将大大减少浏览器的工作负担，并提高用户的体验。这个变化导致的结果之一是，浏览器可以摆脱很多插件而独立运行。HTML5 新增两个元素：audio 元素和 video 元素，分别用来处理音频和视频数据。

7.1.1　HTML5音频

<audio> 标记完成对声音的调用及播放。

基本语法：

```
<audio src="ring.wav" controls="controls">
Your browser does not support the audio tag.
</audio>
```

语法说明：如果不加"controls"属性，在浏览器上就不会显示播放器。可以在开始标签和结束标签之间放置文本内容，老版本的浏览器就会显示出不支持该标签的信息。

【实例 7-1】使用 <audio> 标记设置音频，必须设置 controls="controls"。

网页代码如图 7-1 所示，网页效果如图 7-2 所示。

图7-1　网页代码

图7-2　网页效果

<audio> 标记的其他属性如表 7-1 所示。

表7-1　<audio>标记的属性

属　　性	值	描　　　述
utoplay	autoplay	如果出现该属性，则音频在就绪后马上播放
ontrols	controls	如果出现该属性，则向用户显示控件，如"播放"按钮
loop	loop	如果出现该属性，则每当音频结束时重新开始播放
muted	muted	规定视频输出应该被静音
preload	preload	如果出现该属性，则音频在页面加载时进行加载，并预备播放；如果使用"autoplay"，则忽略该属性
error	Media Error	返回操作媒体文件的错误状态
src	url	要播放的音频的 URL

其中，"preload"属性有三个可能取值：

（1）auto 表示当页面加载后载入整个音频。

（2）meta 表示当页面加载后只载入元数据。

（3）none 表示当页面加载后不载入音频。

【实例 7-2】音频标记的属性设置。

网页代码如图 7-3 所示，网页效果如图 7-4 所示。打开网页将自动播放音频文件（此处设置了 loop 属性），播放结束后会循环播放。

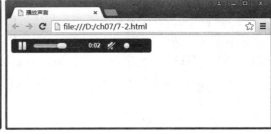

图7-3　网页代码　　　　　　　　　　　　图7-4　网页效果

7.1.2　HTML5视频

<video> 标记来完成对视频的调用及播放。

基本语法：

```
<video src="sea.mp4" controls="controls">
Your browser does not support the video tag.
</video>
```

语法说明：如果不加"controls"属性，在浏览器上不会显示播放器。可以在开始标签和结束标签之间放置文本内容，老版本的浏览器就会显示出不支持该标签的信息。

【实例 7-3】使用 < video > 标记设置视频，必须设置 controls="controls"。

网页代码如图 7-5 所示，网页效果如图 7-6 所示。

图7-5　网页代码

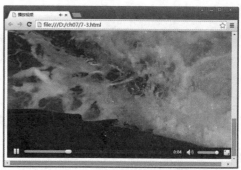

图7-6　网页效果

<video> 标记的其他属性如表 7-2 所示。

表7-2　<video>标记的属性

属　　性	值	描　　述
autoplay	autoplay	如果出现该属性，则视频在就绪后马上播放
controls	controls	如果出现该属性，则向用户显示控件，如"播放"按钮
height	pixels	设置视频播放器的高度
loop	loop	如果出现该属性，则当媒介文件完成播放后再次开始播放
muted	muted	规定视频的音频输出应该被静音
poster	URL	规定视频下载时显示的图像，或者在用户单击"播放"按钮前显示的图像
preload	preload	如果出现该属性，则视频在页面加载时进行加载，并预备播放。如果使用"autoplay"，则忽略该属性
src	url	要播放的视频的 URL
width	pixels	设置视频播放器的宽度

【实例7-4】视频标记属性设置。

网页代码如图 7-7 所示。

网页效果如图 7-8 所示，视频播放器的宽度设置为 640 像素。

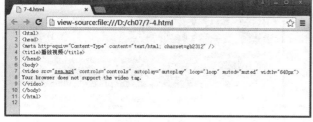

图7-7　video属性源代码

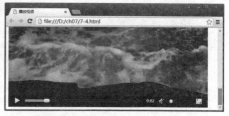

图7-8　网页效果

7.1.3　使用DOM控制播放

　　<video> 和 <audio> 元素的方法、属性和事件可以使用 JavaScript 进行控制。使用 JavaScript 来操作 <video> 标记，可对 <video> 做一些简单基本的操作，包括播放器的播放、暂停，音量的读取、设置等相关操作。在 HTML5 中，<video> 和 <audio> 元素拥有一些方法和属性来控制播放，如它们提供了用于播放、暂停以及加载媒体文件的方法以及一些公共的属性（如时长、音量等）可以被读取或设置。常用属性如表 7-3 所示，常用方法如表 7-4 所示。

表7-3　常用属性设置

属　　性	描　　述
currentTime	当前播放时长
volume	媒体文件播放音量

表7-4　常用方法设置

方　　法	描　　述
load 方法	用于重新加载待播放的媒体文件
play 方法	用于播放媒体文件
pause 方法	用于暂停播放媒体文件

　　【实例 7-5】使用 DOM 控制视频文件。

　　网页代码如图 7-9 所示，网页效果如图 7-10 所示，使用 JavaScript 调用 <video> 元素中的方法实现视频载入、播放、暂停、快进、后退和音量控制的功能。

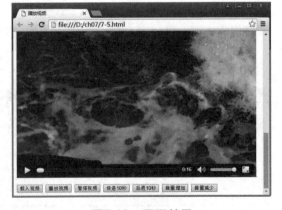

图7-9　网页代码　　　　　　　　　　　　　　图7-10　网页效果

　　将实例 7-5 代码中的"video"改成"audio"，可以对声音文件进行控制。

　　【实例 7-6】使用 DOM 控制音频文件。

网页代码如图 7-11 所示，网页效果如图 7-12 所示。

图7-11　网页代码

图7-12　网页效果

7.2　HTML5 Canvas元素

Canvas 元素是 HTML5 中新增加的一个重要元素，专门用于绘制图形。在页面上放置一个 Canvas 元素就相当于在页面上放置了一块画布，可以通过 JavaScript 编写在其中进行绘画的脚本。Canvas 拥有多种绘制路径、矩形、圆形、字符以及添加图像的方法。

Canvas 主要用于图形表示、图标绘制、游戏制作等。在桌面应用程序的开发中，Delphi、VB、VC、和 C++ Builder 等众多桌面应用程序开发工具中，都有关于 Canvas 技术的应用。但是，Canvas 在 Web 中应用还是头一次。应用 HTML5 中的 Canvas API，网页内容会更加丰富，效果也更加炫目。

可以这样说，Canvas 对于 Web App 的推动和普及是及其重要的。没有 Canvas，网页就会失色很多。

Canvas 就像传统的银幕，可宽，可长，就是不能圆，它是一个矩形，而且只能是一个矩形，类似于 Flash 的舞台场景。

（1）Canvas 使用 JavaScript 在 Web 上绘制各种图像。

（2）Canvas 区域中的每一个像素都可控，即所谓的像素级操作。

（3）Canvas 拥有多种绘制路径、矩形、圆形、字符以及添加图像的方法。

（4）Canvas 不需要插件，具有跨平台的先天优势，与 Flash、SVG 和 VML 等不同。

（5）Canvas 具有多种操作函数和方法，比 SVG 和 VML 简单易懂。

（6）只要是支持 HTML5 标准的浏览器都可以运行 Canvas。

Canvas 能够成为 Web 绘图标准，原因有二：其一，由于不用保存画出的每一个元素，所以性能更好；其二，与其他语言的二维绘图 API 类似，Canvas 更容易实现。

基于 Canvas 的绘图并不是直接在 Canvas 标记所创建的绘图画面上进行各种绘图操作，而且依赖画面所提供的渲染上下文（rendering context），所有的绘图命令和属性都定义在渲染上下文当中。在绘图之前，首先要通过 getContext（）方法返回一个用于在画布上绘图的上下文环境。当使用 Canvas 的 getContext（"2d"）方法时，其返回的是 CanvasRenderingContext2D 对象，其内部表现为笛卡尔平面坐标，并且左上角坐标为（0,0）。注意，在利用 Canvas 画图时，通过 Canvas 的 ID 属性获取相应的 DOM 对象之后要做的事情就是获取 Context 对象。

渲染上下文与 Canvas 是完全对应存在的，无论对同一个 Canvas 对象调用几次 getContext（）方法，都将返回同一个渲染上下文对象。目前，所有支持 Canvas 的浏览器都支持 2D 渲染上下文。

Canvas 绘图是一种像素级的位图绘图技术，Canvas 标签只是在网页中定义了一块矩形区域，开发者使用 JavaScript 完成各种图形绘制操作。

7.2.1　Canvas常用属性

Canvas 常见属性有 height、width，如表 7-5 所示。

表7-5　canvas常用属性表

属　　性	描　　述
height	设置 canvas 的高度，默认值是 150 像素
width	设置 canvas 的宽度，默认值是 300 像素

【实例 7-7】Canvas 属性设置。

网页代码如图 7-13 所示，网页效果如图 7-14 所示。

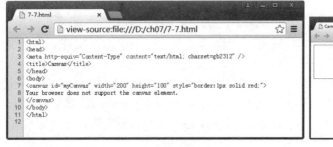
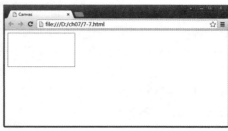

图7-13　网页代码　　　　　　　　　　　图7-14　网页效果

7.2.2　Canvas 常用方法介绍

Canvas 主要有获取上下文的 getContext() 方法、绘制矩形的方法 context.fillRect() 和 strokeRect()、绘制圆弧的方法 context.arc() 以及绘制线段的方法 context.moveTo() 和 context.lineTo()。下面将对这些方法做详细介绍。

1. 绘制矩形

Canvas 绘制矩形主要有两种方法：

第一种方法：

```
context.fillRect(x,y,width,height)
```

第二种方法：

```
context.strokeRect(x,y,width,height)
```

参数说明如表 7-6 所示。

表7-6　绘制矩形的参数

参　数	描　述
x	矩形起点横坐标（坐标原点为 canvas 的左上角，确切地说是原始原点）
y	矩形起点纵坐标
width	矩形长度
height	矩形高度

【**实例 7-8**】使用 Canvas 方法绘制矩形。

网页代码如图 7-15 所示。

图7-15　网页代码

网页效果如图 7-16 所示。在 Canvas 中绘图，要通过 JavaScript 提供的 document. getElementById 方法，Canvas 元素被设置为一个 JavaScript 变量：

```
var mycanvas=document.getElementById("myCanvasTag");
```

然后调用 Canvas 元素的 getContext 方法获得 canvas 的上下文，如下所示：

```
var mycontext=mycanvas.getContext('2d');
```

Canvas 上下文提供 **fillStyle** 属性用于设置绘图时图形内容的填充颜色 **strokeStyle** 用于设置绘图时所使用的颜色。

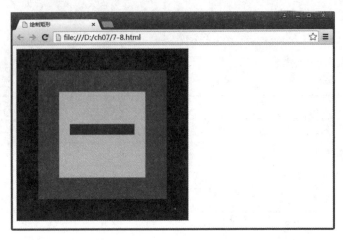

图7-16　网页效果

2. 绘制圆弧

Canvas 绘制圆弧的方法如下：

```
context.arc(x,y,radius,starAngle,endAngle,iclockwise)
```

参数说明如表 7-7 所示。

表7-7　绘制圆弧的参数

参　　数	描　　述
x	圆心的 x 坐标
y	圆心的 y 坐标
straAngle	开始角度
endAngle	结束角度
anticlockwise	是否逆时针，（true）为逆时针，（false）为顺时针

【实例 7-9】绘制圆弧。

网页代码如图 7-17 所示。

```
1  <html>
2  <head>
3  <meta http-equiv="Content-Type" content="text/html; charset=gb2312" />
4  <title>绘制圆弧</title>
5  <script language="javascript">
6  window.onload=function() {
7      var mycanvas=document.getElementById("myCanvas");
8      var context=mycanvas.getContext('2d');
9      context.beginPath();
10     context.arc(200, 150, 100, 0, Math.PI * 2, true);
11     //不关闭路径路径会一直保留下去，当然也可以利用这个特点做出意想不到的效果
12     context.closePath();
13     context.fillStyle = 'rgba(0,255,0,0.25)';
14     context.fill();
15  }
16 </script>
17 </script>
18 </head>
19 <body>
20 <canvas id="myCanvas" width="400" height="400" style="border:1px solid #c3c3c3;">
21 Your browser does not support the canvas element.
22 </canvas>
23 </body>
24 </html>
25
```

图7-17　网页代码

网页效果如图 7-18 所示。

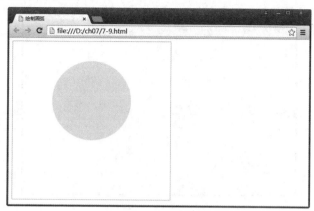

图7-18 网页效果

3. 绘制线段

Canvas 绘制矩形主要有两种方法：

```
context.moveTo(x,y)
context.lineTo(x,y)
```

参数说明如表 7-8 所示。

表7-8 绘制线段的参数

参　　数	描　　述
x	x 坐标
y	y 坐标

每次画线都从 moveTo 的点到 lineTo 的点，如果没有 moveTo，那么第一次 lineTo 的效果和 moveTo 一样；每次 lineTo 后如果没有 moveTo，那么下次 lineTo 的开始点为前一次 lineTo 的结束点。

【实例 7-10】绘制线段。

网页代码如图 7-19 所示。

图7-19 网页代码

网页效果如图 7-20 所示。

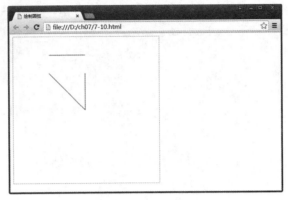

图7-20　网页效果

实训任务——音乐盒的设计与制作

任务描述

需求提出：制作一个音乐盒，列出音乐列表，单击"播放"按钮播放该音乐。

任务要求：使用 HTML5 中的多媒体标记完成音乐盒的制作。网页效果如图 7-21 所示。

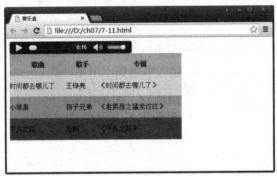

图7-21　网页效果

任务准备

（1）熟悉音频文件的播放。

（2）熟悉表格的制作。

任务实施

1. 任务实施思路与方案

步骤一：在页面的适当位置上放入一个 audio 播放器。

步骤二：使用表格显示音乐列表。

步骤三：使用 JavaScript 来控制 audio 播放器。

2. HTML 文档编写的源代码参考

```
<!doctype html>
<html>
<head>
<meta charset="utf-8">
<title>音乐盒</title>
<script language="javascript">
    function play(song){
    var myAudio=document.getElementById("myAudio");
    myAudio.src=song;
    myAudio.load();
    myAudio.play();
}
</script>
</head>
<body>
<audio id="myAudio" src="sea.mp4" controls="controls" width="640px">
Your browser does not support the video tag.
</audio>
<table border="0" cellpadding="0" cellspacing="0" height="210px"
width="420px">
    <tr align="center" style="font-weight:bold; background-
color:#CCCCCC">
            <td>歌曲</td>
            <td>歌手</td>
            <td>专辑</td>
    </tr>
    <tr ondblclick="play('Ring01.wav')" style="background-
color:#99FF99">
            <td>时间都去哪儿了</td>
            <td>王铮亮</td>
            <td>小苹果</td>
            <td>《时间都去哪儿了》</td>
    </tr>
    <tr ondblclick="play('Ring02.wav')" style="background-
color:#99CCCC">
    <td>筷子兄弟</td>
            <td>《老男孩之猛龙过江》</td>
    </tr>
    <tr ondblclick="play('Ring03.wav')" style="background-
color:#CC66CC">
            <td>平凡之路</td>
            <td>朴树</td>
            <td>《平凡之路》</td>
    </tr>
</table>
</body>
</html>
```

技能训练——笑脸的绘制

训练目的

（1）熟悉 canvas 的各种绘图。

（2）熟悉绘图过程中颜色的使用。

训练内容

要求：使用 canvas 完成"笑脸"的绘制，网页效果参考图 7-22。

图7-22　网页效果

主要介绍 JavaScript 脚本编程，jQuery、导航栏、侧栏等的应用。通过综合实战，引入 Bootstrap 前端框架快速开发网站。

本篇构成：
第 8 单元　列表的应用
第 9 单元　JavaScript 基础
第 10 单元　综合案例实战

第 8 单元

列表的应用

◎目标	创建列表。 列表应用。
◎重点	无序列表和有序列表的使用。 嵌套列表的使用。

8.1　列表的建立与使用

　　列表可以使得网页上呈现的信息整齐直观，便于用户理解。列表是网页上的常见元素。如图 8-1 所示的网页上有多处地方应用了列表：页面的右上角、顶部的链接菜单、导航栏，侧边栏都是形式不一的列表。

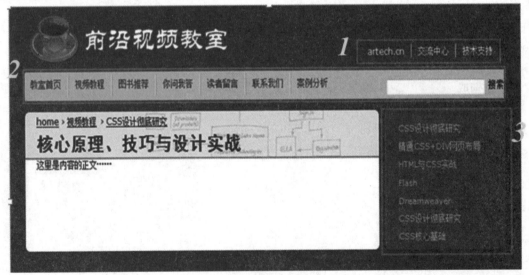

图8-1　网页中的列表

8.1.1　列表类型

　　常用的列表种类有定义列表、有序列表和无序列表，如表 8-1 所示，创建常用列表使用的标记。下面将详细介绍有序列表和无序列表的创建。

表8-1 列表类型

标　记	描　述
\<ol\>	定义有序列表
\<ul\>	定义无序列表
\<li\>	定义列表项
\<dl\>	定义定义列表
\<dt\>	定义定义项目
\<dd\>	定义定义的描述

8.1.2　无序列表

无序列表是一套组合标记，由 \<ul\> 和 \<li\> 两种不同的标记组成。

基本语法：

```
<ul>
    <li> 第一个列表项内容 </li>
    <li> 第二个列表项内容 </li>
    <li> 第三个列表项内容 </li>
    …
</ul>
```

语法说明：在 HTML 文件中，利用成对 \<ul\>\</ul\> 标记可以插入无序列表，但 \<ul\> 标记之间必须使用成对 \<li\>\</li\> 标记添加列表项值。这两种标记都不能单独使用。

【实例 8-1】建立三个列表项的无序列表。默认的无序列表项为实心圆点。

网页代码如图 8-2 所示，网页效果如图 8-3 所示。

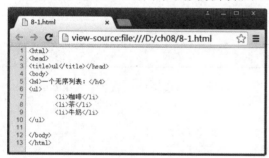

图8-2　网页代码

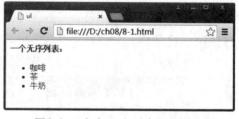

图8-3　定义无序列表网页效果

无序列表的项目符号可以自行定义，需要设置 \<ul\> 标记的 type 属性，该属性的取值如表 8-2 所示。

表8-2　无序列表type属性取值

值	描　述
disc	默认值，实心圆
circle	空心圆
square	实心方块
none	无列表符号

注意：

> type属性可用CSS替代，但不赞成使用该属性。8.3节将结合CSS属性list-style-type来设置列表类型。

8.1.3　有序列表

有序列表除了列表项目符号与无序列表不同外，显示效果基本一致。很多情况下，两者可以相互代替使用。

基本语法：

```
<ol>
    <li> 第一个列表项内容 </li>
    <li> 第二个列表项内容 </li>
    <li> 第三个列表项内容 </li>
    …
</ol>
```

语法说明：在 HTML 文件中，利用成对 <ol></ol> 标记可以插入有序列表，但 <ol> 标记之间必须使用成对 <li></li> 标记添加列表项值。这两种标记都不能单独使用。

与无序列表定义项目符号一样，使用 CSS 属性进行设置，该属性的取值如表 8-3 所示。

表8-3　有序列表type属性的取值

值	描　　述
1	数字顺序的有序列表（默认值）（1, 2, 3, 4）
a	字母顺序的有序列表，小写（a, b, c, d）
A	字母顺序的有序列表，大写（a, b, c, d）
i	罗马数字，小写（i, ii, iii, iv）
I	罗马数字，大写（i, ii, iii, iv）
none	无列表符号

【实例 8-2】使用 type 属性设置有序列表的项目符号，使用 start 属性设置列表项的起始值。网页代码如图 8-4 所示，网页效果如图 8-5 所示。

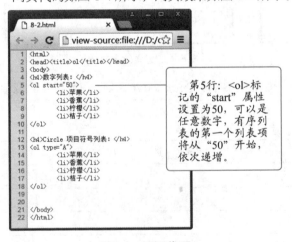

图8-4　网页代码　　　　　　　　　　　图8-5　网页效果

8.2 嵌套列表

列表项内容可以是文本、标题、超链接、图片，甚至可以是列表等网页元素。列表间可以相互嵌套使用。

【实例 8-3】不同类型的列表之间相互嵌套。第一层无序列表的第一个列表项中嵌套一个有序列表。

网页代码如图 8-6 所示，网页效果如图 8-7 所示。

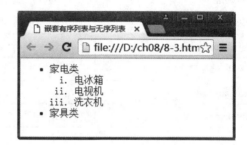

图8-6 网页代码 图8-7 网页效果

8.3 CSS设置列表样式

8.3.1 设置列表样式

使用 CSS 属性 list-style-type 设置列表项类型。

基本语法：

```
list-style-type:属性值；
```

list-style-type 属性的取值如表 8-4 所示。

表8-4 list-style-type属性的取值

值	描　　述
none	无标记
disc	默认。标记是实心圆
circle	标记是空心圆
square	标记是实心方块
decimal	标记是数字
decimal-leading-zero	0 开头的数字标记。（01、02、03 等）
lower-roman	小写罗马数字（i、ii、iii、iv、v 等）
upper-roman	大写罗马数字（I、II、III、IV、V 等）
lower-alpha	小写英文字母 The marker is lower-alpha（a、b、c、d、e 等）

续表

值	描　　述
upper-alpha	大写英文字母 The marker is upper-alpha（A、B、C、D、E 等）
lower-greek	小写希腊字母（alpha、beta、gamma 等）
lower-latin	小写拉丁字母（a、b、c、d、e 等）
upper-latin	大写拉丁字母（A、B、C、D、E 等）
hebrew	传统的希伯来编号方式
armenian	传统的亚美尼亚编号方式
georgian	传统的乔治亚编号方式（an、ban、gan 等）
cjk-ideographic	简单的表意数字
hiragana	标记是：a、i、u、e、o、ka、ki 等（日文片假名）
katakana	标记是：A、I、U、E、O、KA、KI 等（日文片假名）
hiragana-iroha	标记是：i、ro、ha、ni、ho、he、to 等（日文片假名）
katakana-iroha	标记是：I、RO、HA、NI、HO、HE、TO 等（日文片假名）

8.3.2　添加列表图像

使用 CSS 属性 list-style-image 设置列表图像。

基本语法：

```
list-style-image:none|URL（图像地址）
```

语法说明：属性值 none 表示不使用图像符号；URL 指定图像的路径。

【实例 8-4】使用 CSS 属性设置列表样式。

网页代码如图 8-8 所示，网页效果如图 8-9 所示。

图8-8　网页代码

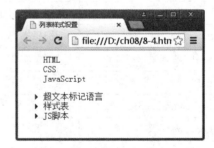

图8-9　网页效果

8.4　列表结合CSS的应用

【实例 8-5】 HTML 代码中是一个无序列表，每个列表项为图片。列表项以水平方向上排列显示，使用 CSS 属性进行样式的设置。

代码如下：

```
<div id="container">
    <ul id="profiles">
        <li><img src="photo-1.jpg"/></li>
        <li><img src="photo-2.jpg"/></li>
        <li><img src="photo-3.jpg"/></li>
        <li class="last"><img src="photo-4.jpg"/></li>
    </ul>
</div>
```

通过 CSS 设置，将无序列表的 4 个列表项，即四幅图片在一行上显示，网页效果如图 8-10 所示。第四幅图片的位置在原来位置上适当往右移动，整个无序列表离页面顶部有些距离，页面需要设置背景图片。

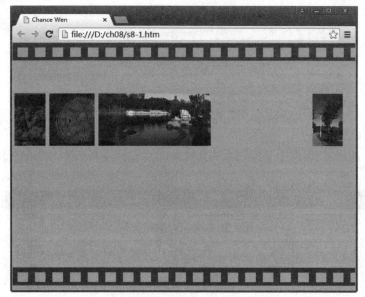

图8-10　网页效果

CSS 代码如下：

```
body{
    margin:0;                        /* 清除页面边距 */
    padding:0;                       /* 清除页面填充 */
    background-color:#cc9;           /* 设置页面背景色 */
    background-image:url('images/background.gif'); /* 设置页面图片路径 */
    background-repeat:repeat-x;      /* 设置背景图片在水平方向上重复 */
}
ul{
    list-style-type:none;            /* 设置列表项符号不显示 */
```

```
    margin-top:100px;              /* 设置列表的上边距 100 像素 */
}
li{
    float:left;                    /* 设置列表项向左浮动 */
    padding:4px;                   /* 设置列表项填充为 4 像素 */
}
.last{
    position:relative;             /* 设置最后一项列表项为相对定位方式 */
    left:200px;                    /* 设置偏移量为 200 像素 */
}
```

　　浏览器会给页面的 margin 和 padding 属性设置默认值，一般不为零，不同的浏览器设置的数值可能会不同，因此考虑到浏览器的兼容性问题，会统一进行设置 body{margin:0;padding:0;}。background-color 属性在 background-image 属性设置时不起作用，当背景图片无法正常显示时，将显示 background-color 属性设置的背景色。

　　<ul> 和 <li> 标记都属于块级标记，若将列表项显示在同一行，需要设置 float 属性 li{float:left;}。最后一幅图片的位置比较特殊，需要在原来位置上向右偏移 200 像素，使用了相对定位方式 .last{position:relative; left:200px;}。

实训任务——水平导航栏的制作

任务描述

　　需求提出：许多网页上都有水平导航栏，用于导航网站中的内部页面，它已经成为很多网站不可或缺的组成部分。

　　任务要求：使用 CSS 属性设置列表制作经典的导航栏，网上所有的导航栏都可以在它的基础上修改而来。网页效果参考图 8-11。

图8-11　实训网页效果图

任务准备

　　（1）熟悉列表的使用和设置。

　　（2）熟悉 CSS 样式对文字、背景、浮动、文本的精细控制。

　　（3）熟悉 CSS 属性设置列表样式。

任务实施

　　1. 任务实施思路与方案

　　步骤一：先创建一个层作为一个容器（要求：ID 为 "nav"，宽度为 960px，高度为 35px，位于页面水平正中，与浏览器顶部的距离是 30px），这个容器用于放导航栏。

　　HTML 代码如下：

```
<div id="nav"></div>
```

CSS 代码如下：

```
#nav{
width:960px;
height:35px;
background:#CCC;          /* 为了便于查看区域范围大小，故而加个背景色 */
margin:0 auto;           /* 水平居中 */
margin-top:30px;          /* 顶部 30px*/
}
```

步骤二：盒子做好了，就要往里面放导航栏中的内容，如果把这内容（目前有 6 个），当成酒杯的话，如果直接放到盒子里面，肯定会乱，并且还会东倒西歪，一点顺序都没有，但是用一个隔板将每个酒杯隔开，这样就是酒杯很有序的放入盒子，并且牢稳而且防震，方便使用。现在把这个隔板叫做"无序列表"<ul>，里面的每个单元格就是列表项 <li>，盒子里面的这个 <ul> 要和盒子里面的空间一样大。若小，酒杯放不进去；若大，杯子就会不稳，所以定义 ul 时大小一定要和外面的盒子一样大。

HTML 代码如下：

```
<div id="nav">
<ul>
    <li>CSS 学习 </li>
    <li> 学前准备 </li>
    <li> 入门教程 </li>
    <li> 提高教程 </li>
    <li> 布局教程 </li>
    <li> 精彩应用 </li>
</ul>
</div>
```

CSS 代码如下：

```
#nav ul{
width:960px;
height:35px;
}
```

完成步骤二后的网页效果如图 8-12 所示。

图8-12　完成步骤二的效果

因为 <li> 标记也是块状元素，所以它不允许其他元素和自己处于同一行，共有六个 <li>，所以他们六个就像台阶似的纵向排列。需要使用 **float** 属性使六个列表项浮动起来。

增加以下 CSS 代码：

```
#nav ul li{ float:left;}
```

使用 <li> 列表项设置 **float** 属性之后，网页效果如图 8-13 所示。

● CSS学习学前准备入门教程提高教程布局教程精彩应用

图8-13　设置float属性后的效果

步骤三：第二步的效果还不是我们想要的，所有的"酒杯"都没有保持"车距"，后面的文字全部贴着前面的文字。设置 <li> 标记的宽度为 160 像素。

CSS 代码如下：

```
#nav ul li{
width:160px;          /* 设置宽度为 160 像素 */
float:left;
list-style:none;
}
```

网页效果如图 8-14 所示。

| CSS学习 | 学前准备 | 入门教程 | 提高教程 | 布局教程 | 精彩应用 |

图8-14　设置宽度和去项目符号的效果

为了便于观察将 <li> 标记的背景，将其设置成红色。设置背景色是页面布局中一个很重要的方法，便于查看块状元素区域范围。

CSS 代码如下：

```
#nav ul li{
width:160px;
float:left;
list-style:none;
background:#990000;
}
```

网页效果如图 8-15 所示。

图8-15　设置背景后的效果

<ul> 元素清除默认设置的边距与填充，修改 CSS 代码。

CSS 代码如下：

```
#nav ul{
width:960px;
height:35px;
margin:0px;
padding:0px ;
}
```

修改后的网页效果如图 8-16 所示。

图8-16　清除边距与填充后的效果

<li> 标记的高度并没有和盒子的高度一样，这就是为什么在布局页面时，经常会设置一下背景色。现在暂不把 <li> 标记的背景色去掉，将 <li> 的高度设置成盒子的高度（35 像素），高度一样，但是文字却位于顶端，为了使文字有垂直居中的效果，还需要设置行高，也等于盒子的高度，文字行高 =<li> 高度 =<div> 高度。

CSS 代码如下：

```
#nav ul li{
float:left;
list-style:none;
background:#990000;
margin:0px;
padding:0px;
```

```
width:160px;
height:35px;                    /* 高度设置为 div 层的高度 */
line-height:35px;         /* 设置行高，高度等于 <li> 元素的高度 */
text-align:center;              /* 文字水平居中 */
}
```

完成步骤三的网页效果如图 8-17 所示。

| CSS学习 | 学前准备 | 入门教程 | 提高教程 | 布局教程 | 精彩应用 |

图8-17　完成步骤三后的效果

步骤四：需要将前面的导航栏做以下修改。

（1）给上面的导航加上链接。

（2）链接文字大小修改为 12px。

（3）规定链接样式，鼠标指针移上去和拿开的效果。

修改方法如下：

导航加链接，修改 HTML 代码。

HTML 代码如下：

```
<div id="nav">
<ul>
    <li><a href="#">CSS 学习 </a></li>
   <li><a href="#"> 学前准备 </a></li>
   <li><a href="#"> 入门教程 </a></li>
   <li><a href="#"> 提高教程 </a></li>
   <li><a href="#"> 布局教程 </a></li>
   <li><a href="#"> 精彩应用 </a></li>
</ul>
</div>
```

设置文字大小和超链接样式，鼠标指针移上去变成白色的有下画线的链接。

增加 CSS 代码如下：

```
#nav ul li a:link{
    text-decoration:none; color:white;
}
#nav ul li a:visited{
   text-decoration:none; color:white;
}
#nav ul li a:hover{
   text-decoration:underline; color:white;
}
#nav ul li a:active{
   text-decoration:none; color:white;
}
```

完成步骤四的效果如图 8-18 所示。

| CSS 学习 | 学前准备 | 入门教程 | 提高教程 | 布局教程 | 精彩应用 |

图8-18　完成步骤四后的效果

到此，一个导航栏制作完成。为了导航栏更加美观，可以继续完善。比如，将鼠标指针移上去后，链接的背景变成黑色的。先把链接 <a> 加上背景，以方便看出来链接 <a> 的区域，即需要修改超链接悬停状态时的 CSS 样式。

CSS 代码如下：

```
#nav ul li a:hover{
text-decoration:underline;
color:white;
background-color:#333;
}
```

网页效果如图 8-19 所示。

CSS 学习　　学前准备　　入门教程　　提高教程　　布局教程　　精彩应用

图8-19　修改超链接悬停状态时的效果

还需要将 <a> 的高度设定为 **35px** 和盒子一样高度，这样才能把灰色背景完全覆盖下面盒子的红色背景。但是 <a> 元素属于行内元素，行内元素是无法设置宽度和高度的，**width** 和 **height** 只是针对块级元素，可以把 <a> 转化成块级元素，使用 "display:block;"。

CSS 代码如下：

```
#nav ul li a{
height:35px;          /* 设置高度 */
display:block;         /* 设置以块级元素方式显示 */
color:#333;
text-decoration:none;
background:#333;
}
```

为了更加美观，将鼠标悬停在超链接上方时的背景色改为红色 **#900**。

```
#nav ul li a:hover{
text-decoration:underline;
color:white;
background-color:#900;
}
```

最终完成的水平导航栏效果如图 8-20 所示。

CSS 学习　　学前准备　　入门教程　　提高教程　　布局教程　　精彩应用　图

8-20　最终效果

2. HTML 文档编写的源代码参考

```
width:960px;
height:35px;
background:#CCC;              /* 为了便于查看区域范围大小，故而加个背景色 */
margin:0 auto;               /* 水平居中 */
margin-top:30px;             /* 顶部 30px*/
}
#nav ul{
   width:960px;
   height:35px;
margin:0px;
padding:0px;
}
#nav ul li{
   float:left;
   list-style:none;
   background:#990000;
```

```
        margin:0px;
        padding:0px;
        width:160px;
        height:35px;                    /* 高度设置为 div 层的高度 */
        line-height:35px;               /* 设置行高，高度等于 <li> 元素的高度 */
        text-align:center;              /* 文字水平居中 */
    }
    #nav ul li a:link{
        text-decoration:none; color:white;
    }
    #nav ul li a:visited{
        text-decoration:none; color:white;
    }
    #nav ul li a:hover{
        text-decoration:underline; color:white;
        background-color:#333;
        height:35px;                    /* 设置高度 */
        display:block;                  /* 设置以块级元素方式显示 */
    }
    #nav ul li a:active{
        text-decoration:none; color:white;
    }
    -->
    </style>
    </head>
    <body>
    <div id="nav">
    <ul>
       <li><a href="#">CSS 学习 </a></li>
       <li><a href="#"> 学前准备 </a></li>
       <li><a href="#"> 入门教程 </a></li>
       <li><a href="#"> 提高教程 </a></li>
       <li><a href="#"> 布局教程 </a></li>
       <li><a href="#"> 精彩应用 </a></li>
    </ul>
    </div>
    </body>
    </html>
```

技能训练——排行榜的设计与制作

训练目的

（1）学会使用列表。

（2）学会使用 CSS 进行列表样式的设置。

训练内容

要求：使用列表标记创建排行榜，并结合 CSS 进行排行榜的美化。网页效果参考图 8-21。

图8-21 网页效果

第 **9** 单元

JavaScript基础

◎目标	掌握 JavaScript 的基本语法。 掌握 jQuery 的使用。
◎重点	JavaScript 函数。 对象和事件。 jQuery 的使用。

9.1 JavaScript概要

9.1.1 什么是JavaScript

JavaScript 是一种基于对象（Object）和事件驱动（Event Driven）的，具有较高安全性的脚本语言。通过 JavaScript 可以实现在一个网页中链接多个对象、网页动态特效以及实现网页与用户之间的交互。JavaScript 主要采用小段程序的编写方式来实现编程，因此在代码编写的过程中，往往将 JavaScript 嵌入在标准的 HTML 语言中，从而实现网页的动态效果。

9.1.2 JavaScript的特点

1. 面向对象

JavaScript 是一种基于对象的语言，同时也可以看作是一种面向对象的语言。它可以运用对象的方法与脚本的相互作用来实现相关的功能。

2. 简单性

JavaScript 是一种简单的语言。它是在 Java 基本语句和流程控制语句之上的一种简单而紧凑的语句，同时它没有严格的数据类型，变量定义时均采用 var 关键词。

3. 安全性

JavaScript 是一种安全的语言。它不允许访问本地的硬盘，不允许将数据存入到服务器，不允许对网络文档进行修改和删除，只能通过浏览器实现信息浏览或动态交互等功能。因此可以较好地防止数据的丢失。

4. 动态性

JavaScript 可以采用事件驱动的方式，直接对用户端的输入等操作做出响应，因此它具有动态交互性。

5. 跨平台

JavaScript 是一种跨平台的语言。它只与浏览器有关，而与具体的操作环境无关。只要是支持 JavaScript 浏览器的计算机，都可以正确执行其相关功能。

9.2 JavaScript的用法

与 CSS 用法类似，插入 JavaScript 代码的用法主要有两种。具体方法如下：
（1）在 HTML 文件中，嵌入 JavaScript 语句格式：

```
<script language ="JavaScript">
    JavaScript 函数或语句；
    …
</script>
```

其中，language="JavaScript" 表示使用 JavaScript 脚本语言。
（2）定义独立的 JavaScript 文件，保存后缀名为 .js 文件，并在 HTML 文档中进行引入。
应用时，在 HTML 文档中引入 JavaScript 文件，具体格式如下：

```
<head>
    <script type="text/javascript" src="URL"></script>
</head>
```

说明：

type属性定义引入的文件是JS类型的文件，src属性指定JS文件所在路径。

【实例 9-1】一个简单的 JavaScript 程序。

```
<html>
  <head>
    <title> 一个 JavaScript 程序 </title>
  <head>
  <body>
    <script language="JavaScript">
        alert(" 欢迎学习 JavaScript！ ");
    </script>
  </body>
</html>
```

运行效果如图 9-1 所示。

图9-1 JavaScript简单页面的网页效果

9.3 JavaScript的常量与变量

9.3.1 标识符

标识符用来命名变量和函数，由字母、数字、下画线和美元符号（$）组成，并且标识符的第一个字符必须是字母、下画线或美元符号。在 JavaScript 中，标识符区分大小写，并且标识符不能为 JavaScript 中的关键字和保留字。常用关键字有 for、hort、void、do、fortran、while、asm、double、goto、static、auto、else、if、struct、sizeof、break、entry、int switch、case、enum、long、typedef、char、extern、register、union、continue、float、return、unsigned、default。

注意：

标识符不能以数字开头。

9.3.2 注释

在 JavaScript 代码中添加注释，与其他计算机语言一样，JavaScript 的注释不会被执行。注释的作用就是帮助程序相关人员更为方便地阅读和理解代码。

在 JavaScript 中的注释分为单行注释与普通注释两种。

1. 单行注释

在 JavaScript 中插入符号 "//"，标识对该行内容进行单行注释。代码如下：

```
<script type ="text/JavaScript">
   // 在打开的页面中显示 " 欢迎学习 JavaScript!"
   document.write(" 欢迎学习 JavaScript!");
</script>
```

2. 多行注释

如果需要对 JavaScript 中的多行代码进行注释，则在多行代码的起始行以 "/*" 开始，在末尾行以 "*/" 结束。代码如下：

```
<script language="JavaScript">
/*
    函数 rec, 参数 form
功能 : 密码和确认密码的一致性核查
变量 a,b,c
*/
   function  rec(form)
 {
   var a=form.text1.value;
    var b=form.textf.value;
    var c=form.texts.value;
 {
    if(c==b)
       alert(" 恭喜您 修改成功! ");
    else
       alert(" 对不起 密码与确认码不一致! ");
  }
</script>
```

9.3.3 数据类型

JavaScript 常用的数据类型有三类：

（1）基本的类型：数字，字符串和布尔值。

（2）小数据类型：null 和 undefined。

（3）对象数据类型：object。

1. Number（数字类型）

数字类型的取值范围是 −1.797693e+308 至 −5e-324，取值范围的表示中，"e+n"表示以 10 为底数的 +n 次方。

2. boolean（布尔类型）

布尔型值往往表示比较运算的结果，布尔型值只能是 true（真）或 false（假），true 和 false 都应该使用小写。

3. String（字符类型）

字符类型的数据需要用单引号或双引号表示，如 "JavaScript"。

如果需在 JavaScript 中表示单引号、双引号以及换行符等特殊字符，则需要在上述字符前加上右斜杠符号（\），如 "\'" 和 "\n" 分别表示单引号和换行符。

4. Null 与 Undefind

Null 类型只有一个值 null，表示尚未存在的对象。而 Undefind 类型只有一个 undefind 值，表示当声明的变量还未被初始化时，变量的默认值为 undefined。

5. Object（对象类型）

对象是属性和方法的集合，对象可以通过不同方法和属性的调用来实现不同的功能。如 document 对象可调用 document.write() 方法来实现输出网页内容的功能。

9.3.4 常量

JavaScript 中固定不变的量称为常量，常量有整型常量、浮点型常量、布尔型常量、字符型常量以及一些特殊常量，具体内容如表 9-1 所示。

表9-1 JavaScript常量表

常量类型	示 例
整型常量	如 2008、315 等
浮点常量	如 −3.1E12、2E-12 等
布尔常量	只有 true 与 false
字符常量	如 'a'、"guoyongcan"、"tsinghua university" 等
Null 常量	Null 可与任何类型的数据进行转换，当数据类型为数值型时，Null 表示 0，当数据类型为字符型时，Null 表示空字符串
特殊常量	如 "\f" 表示换页符、"\t" 表示制表符号

9.3.5 变量

在 JavaScript 中，变量用标识符表示，因此变量名的命名必须符合标识符的命名规则。但是和其他计算机语言不同，在 JavaScript 变量声明时不需要指定变量的数据类型，变量的数据类型将随着其赋值的数据类型的变化而变化。声明变量的格式如下：

```
var 变量名；
```

例如，var age;，变量在定义时可指定其初始值，如 var age=10。

变量的作用域分为全局变量与局部变量，在定义变量时一定要注意变量的作用范围。

```
var str="JavaScript";       //str 表示全局变量。
function testFunc(){
var a=4;                    //a 表示局部变量。
}
```

9.4　JavaScript的运算符

JavaScript 的运算符主要包括算术运算符、关系运算符、条件运算符、位运算符、逻辑运算符以及赋值运算符。接下来介绍常用的算术运算符、赋值运算符、关系运算符和逻辑运算符。

9.4.1　算术运算符

在 JavaScript 中基本的算术运算符主要用于算术运算，包括单目算术运算符（+、–、++、––）和双目算术运算符（+、–、*、/、%）等。赋值运算符分为简单赋值运算符（=）和复合赋值运算符（+=、–=、*=、/=、%=），如表 9-2 所示。

表9-2　JavaScript基本运算符

运算符	描　　述
+	加
-	减
*	乘
/	除
%	求余数（保留整数）
++	自增 1
--	自减 1
=	赋值运算符
+=	先加后赋值，例如 a+=5 相当于 a=a+5
-=	先减后赋值，例如 a-=5 相当于 a=a-5
*=	先乘后赋值，例如 m*=5 相当于 m=m*5
/=	先除后赋值，例如 m/=5 相当于 m=m/5
%=	先取余后赋值，例如 m%=5 相当于 m=m%5

【实例 9-2】运用算术运算符计算平均分。

```
<body>
<script language="JavaScript">
// 文本中取值的 value 值为字符串 "*1" 将其转化为数字，才可以进行算术运算。
function rec(form){
form.recanswers.value=(form.t1.value*1+form.t3.value*1+form.
t2.value*1)/3;
    }
</script>
<form>
    <table align="center">
     <tr>
     <td colspan="2"><h1 align="center"> 计算平均分 </h1></td>
     </tr>
     <tr>
     <td> 日语 : </td>
     <td><input type="text" name="t1"></td>
     </tr>
     <tr>
     <td>C 语言 : </td>
      <td><input type="text" name="t2"></td>
      </tr>
      <tr>
      <td>IT 素养 :</td>
      <td><input type="text" name="t3"></td>
      </tr>
      <tr>
      <td><input name="button" type="button"
onClick="rec(this.form)" value=" 平均分 "></td>
      <td>
      <input type="text" name="recanswers"></td>
      </tr>
      </table>
    </form>
</body>
```

运行效果如图 9-2 所示。

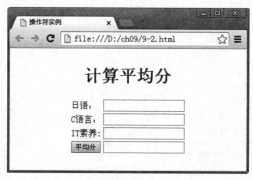

图9-2　网页效果

9.4.2　关系运算符

关系运算符在 JavaScript 中实现关系运算符两侧操作数比较的功能，比较的结果为布尔型值（true 或 false）。常用的关系运算符如表 9-3 所示。

表9-3　JavaScript关系运算符

运算符	描　述	例　子
==	等于	x 为 5，那么 x==8 为 false
===	全等（值和类型）	x 为 5，那么 x===5 为 true；x==="5" 为 false
!=	不等于	x 为 5，那么 x!=8 为 true
>	大于	x 为 5，那么 x>8 为 false
<	小于	x 为 5，那么 x<8 为 true
>=	大于或等于	x 为 5，那么 x>=8 为 false
<=	小于或等于	x 为 5，那么 x<=8 为 true

9.4.3　逻辑运算符

JavaScript 中的逻辑运算符用于判定多个条件的情况。在进行逻辑运算时，运算符两边的操作数和运算结果都必须为布尔类型。常用的逻辑运算符如表 9-4 所示。

表9-4　JavaScript逻辑运算符

运算符	描　述	例　子
&&	and	x 为 5，y 为 3，那么（x < 10 && y > 1）为 true
||	or	x 为 5，y 为 3，那么（x==5 || y==5）为 false
!	not	x 为 5，y 为 3，那么！（x==y）为 true

【实例 9-3】使用逻辑运算符进行多条件判断。

本实例在计算平均分的基础上，在单击"提交"按钮时，添加了条件判断功能，如每门科目成绩输入不能为空判断。当单击"重置"按钮时，添加了清空功能，清空表单中的所有内容。

```
<body>
<script language="JavaScript">
function rec(form){
form.recanswers.value=(form.t1.value*1+form.t3.value*1+form.
t2.value*1)/3;
}
function rec1(form){
    var a=form.t1.value;
        var b=form.t2.value;
        var c=form.t3.value;
        var d=form.recanswers.value;
        if(a== "" || b== "" || c== "" ){
         alert(" 输入的成绩不能为空！ ");
            }else if(d==""){
                alert(" 平均分不能为空！ ");
    }else
        alert(" 您的提交已成功！ ");
}
function  rec2(form){
form.t1.value="";
form.t3.value="";
form.t2.value="";
```

```
        form.recanswers.value="";
    }
    </script>
    <form>
        <table align="center">
            <tr><td colspan="2"><h1 align="center"> 计算平均分 </h1></td> </tr>
            <tr>
            <td> 日语：</td>
            <td><input type="text" name="t1"></td>
        </tr>
            <tr>
            <td><input type="text" name="t2"></td>
            </tr>
                <td>C 语言：</td>
            <tr>
            <td>IT 素养：</td>
            <td><input type="text" name="t3"></td>
            </tr>
            <tr>
            <td><input name="button" type="button" onClick="rec(this.form)"
value=" 平均分 "></td>
            <td><input type="text" name="recanswers"></td>
            </tr>
            <tr>
            <td><input name="button" type="button" onClick="rec1(this.form)"
value=" 提交 "></td>
            <td><input name="button" type="button" onClick="rec2(this.form)"
value=" 重置 "></td>
            </table>
    </form>
    </body>
```

运行效果如图 9-3 所示。

（a）

（b）

（c）

（d）

图9-3　比较&逻辑运算符实例

9.5　流程控制结构

JavaScript 程序是由若干个语句组成的。在 JavaScript 程序代码中改变程序语句执行顺序的语句称为流程控制结构。流程控制结构在程序编写过程中非常关键。JavaScript 的流程控制结构可以分为顺序结构、选择结构和循环结构。

9.5.1　顺序结构

JavaScript 语言中，顺序控制语句是最简单的流程控制语句。顺序语句是指每条语句都按照一定的顺序执行，不重复，不跳过任何语句。

每个语句用分号结尾。例如：

```
var a=12;
```

在 JavaScript 语言中，如果有多条顺序语句，则可以用大括号"{}"把一些语句括起来，作为一个整体语句块，也即构成一个复合语句。

```
i=3;
j=j+i;
```

在流程控制语句的选择结构和循环结构中，往往都会用到复合语句。一般情况下，函数也是由复合语句构成的。

9.5.2　选择结构

除了顺序控制语句以外，JavaScript 语言还定义了对语句具有选择和循环功能的流程控制结构。在 JavaScript 语言中，默认的控制流结构是顺序结构，但如果遇到选择或循环语句，语句执行的顺序和规则就会发生改变。JavaScript 中的选择控制结构有 if 语句、if…else 语句和 switch 语句。

1. if 语句

if 选择语句是：如果条件表达式为真，则执行条件表达式后面括号中的语句序列，否则就不执行该语句序列。

基本语法：

```
if(条件表达式)
{
    语句组；
}
```

if 语句流程图如图 9-4 所示。

图9-4　if语句流程图

在 if 选择结构语句中，由于只有 if 分支，如果条件表达式成立，则执行 if 分支语句，否则执行 if 语句之后的其他语句。

注意：

> 如果选择语句的语句组中只有一条语句，则大括号可省略；如果语句组中有两条及以上语句，则这些语句必须用大括号括起来。。

2. if…else 语句

if…**else** 语句是指在程序执行过程中存在两种选择，并根据条件判断结果的不同，执行其中某一语句序列。

基本语法：

```
if( 条件表达式 )
{
    语句组 1；
}
else
{
    语句组 2；
}
```

if…**else** 语句流程图如图 9-5 所示。

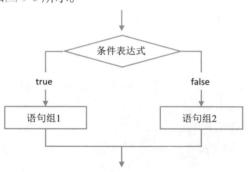

图9-5　if…else语句流程图

在程序执行时首先判断条件表达式是否为真，如果条件表达式的结果为真，就执行语句序组 1；否则就执行语句序组 2。

3. 多条件选择结构

多条件选择结构有多个条件表达式，在语句执行时首先判断第一个条件表达式是否为真，如果为真就执行语句组 1，否则就判断下一个条件表达式是否为真，以此类推，如果最后所有的条件表达式均为假，则执行最后一个 else 后面的语句组。

基本语法：

```
if( 条件表达式 1)
{
    语句组 1
}
else if( 条件表达式 2)
{
    语句组 2
}
…
else if( 条件表达式 n)
```

```
{
    语句组 n
}
else
{
    语句组 n+1
}
```

多条件选择结构流程图如图 9-6 所示。

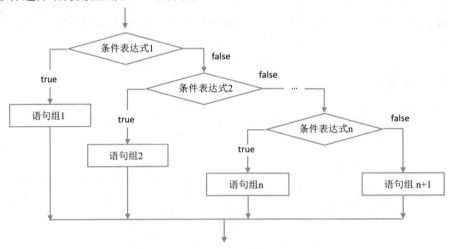

图9-6　多条件选择结构流程图

这种选择结构对条件进行判断，不同的条件对应不同的语句组。同时，if 语句还可对语句进行嵌套。

【**实例 9-4**】if…else 选择结构的应用。

从键盘输入三角形的三条边，并判断这三条边是否符合三角形构成规则，从而判断它们能否构成三角形。

```
<body>
<script language="JavaScript">
function rec(form)
  {
    var a=form.t1.value;
       var b=form.t2.value;
       var c=form.t3.value;
       a=a*1;
       b=b*1;
       c=c*1;
       if(a== ""||b== ""||c== ""){
    alert("输入不能为空！");
       }else if(((a+b)>c)&&((a+c)>b)&&((b+c)>a)){
        if(((a-b)<c)&&((a-c)<b)&&((b-c)<a))
           alert("可以构成三角形！");
         else
           alert("不能构成三角形！");
       }else{
         alert("不能构成三角形！");
        }
```

```
      }
</script>
<form>
    <table align="center">
     <tr><td colspan="2"><h1 align="center">三角形判定 </h1></td></tr>
      <tr><td align="right">a=</td>
<td><input type="text" name="t1"></td></tr>
<tr><td align="right">b=</td>
<td><input type="text" name="t2"></td></tr>
      <tr><td align="right">c=</td>
<td><input type="text" name="t3"></td></tr>
      <tr><td colspan="2" align="center">
<input name="button" type="button" onClick="rec(this.form)" value="三角
形判定 "></td></tr>
    </table>
</form>
</body>
```

运行效果如图 9-7 所示。

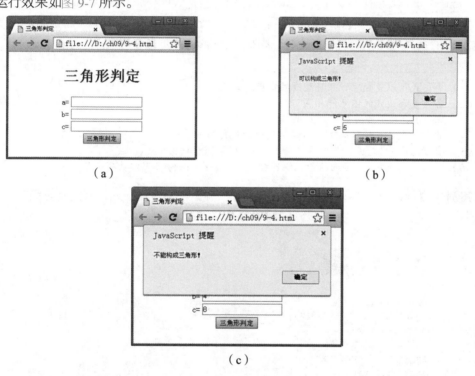

（a）

（b）

（c）

图9-7　判断能否构成三角形实例

4. switch 语句

对于多条件选择，既可以用 **if…else** 的多选择结构语句来实现，也可以用 **switch** 选择语句来实现。**switch** 语句是多分支的选择语句，常用于多条件选择的情况。

基本语法：

```
switch( 表达式 )
{
    case  常量表达式 1 :
          语句组 1;
          break;
    case  常量表达式 2 :
          语句组 2;
          break;
    …
    case  常量表达式 n :
          语句组 n;
          break;
    default :
          语句组 n+1;
          break;
}
```

switch 语句在执行时，首先计算 switch 语句中表达式的值，然后在 case 语句中寻找与该表达式的值相等的常量表达式，如果找到相匹配的值，则由此开始顺序执行 case 后面的语句组。如果没有找到相匹配的常量表达式，则执行 default 后面的语句组。

注意：

（1）表达式可以是数字、字符型或枚举型表达式。
（2）各常量表达式的值不能相同。
（3）每个case分支后面需要加上break。
（4）各常量表达式的排列顺序不影响最后的执行结果。
（5）每个case分支后面如果有多条语句，可以不必使用{}。
（6）如果多个case分支后面执行的操作相同，则多个case分支可以共用一组语句组。

【实例 9-5】switch 选择语句的应用。根据学生输入的百分制成绩，判定其等级制成绩。

```
<!doctype html>
<html>
<head>
<meta charset="utf-8">
<title>switch 选择语句 </title>
</head>
<body>
<script language="JavaScript">
function rec(form)
{
   var a=form.t1.value;
   var b=Math.floor(a/10);
   switch(b){
   case 10:
   case 9:form.recanswers.value=" 优秀 ";break;
   case 8:form.recanswers.value=" 良好 ";break;
   case 7:form.recanswers.value=" 中等 ";break;
   case 6:form.recanswers.value=" 及格 ";break;
   default:form.recanswers.value=" 不及格 ";break;
   }
}
</script>
<form>
    <table align="center">
```

```
    <tr>
        <td colspan="2"><h1 align="center">成绩转换(百分制—等级制)</h1></
td>
    </tr>
    <tr>
     <td align="right">输入成绩:</td>
     <td><input type="text" name="t1"></td>
    </tr>
    <tr>
        <td align="right">
<input name="button" type="button" onClick="rec(this.
form)" value="成绩转换"></td>
        <td> <input type="text" name="recanswers"></td>
    </tr>
   </table>
</form>
</body>
</html>
```

运行效果如图 9-8 所示。

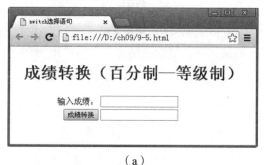
（a）

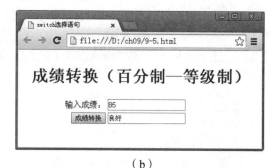
（b）

图9-8　成绩转换实例

9.5.3　循环结构

循环结构是在一定条件下，反复执行某段程序的控制结构，被反复执行的语句组称为循环体。JavaScript 语言中有三种常用的循环语句：for 语句、while 语句、do…while 语句，除此之外还有 break 语句、continue 语句。

1. for 语句

for 语句是一种常用的循环语句，它通常用在预先知道循环次数的情况下使用。

基本语法：

```
for( 表达式 1; 表达式 2; 表达式 3)
{
    语句组 ;
}
```

其中，表达式 1 是初始条件，一般用于对变量进行初始化。表达式 2 是循环条件表达式，如果条件表达式为真，则继续下一次循环；否则终止循环。表达式 3 是用于改变循环变量的表达式。for 语句的具体执行流程如图 9-9 所示。

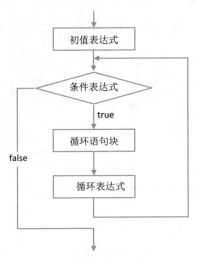

图9-9　for循环流程图

在 for 语句执行过程中，首先执行表达式 1（进行变量的初始化）;然后判断条件表达式 2，如果条件表达式 2 为真，则执行循环语句块中的内容；执行完循环内容之后，执行表达式 3；执行完表达式 3 后，继续判断表达式 2 是否为真，如果为真，则继续循环，否则终止循环。

【**实例 9-6**】for 循环语句的应用。

```
<html>
<head>
<title>For 循环语句</title>
</head>
<body>
<script language="JavaScript">
var i=1;
for(i=3;i>0;i--){
   document.write("<h",i,"> 欢迎学习  JavaScript!</h",i,">");
}
</script>
</body>
</html>
```

运行效果如图 9-10 所示。

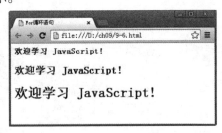

图9-10　网页效果

2. while 语句

while 语句与 for 语句一样实现循环功能。

基本语法：
```
while( 条件表达式 )
{
    循环语句 ;
}
```
while 语句流程图如图 9-11 所示。当条件表达式的运算结果为 true 时，重复执行循环体；
当表达式的值为 false 时，循环结束。

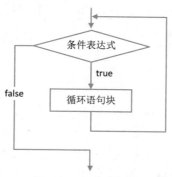

图9-11　while语句流程图

【实例 9-7】 在页面中输出不同字体大小的内容。

```
<html>
<head>
<title>For 循环语句 </title>
</head>
<body>
<script language="JavaScript">
   var i=1;
   while(i<4){
        document.write("<h",i,"> 欢迎学习 JavaScript!</h",i,">");
        i=i+1;
   }
</script>
</body>
</html>
```

运行效果如图 9-12 所示。

图9-12　网页效果

3. do…while 语句

do…while 语句的基本语法：

```
do
    语句组；
while（条件表达式）；
```

do…while 语句先执行一次语句组中的内容，然后判断条件表达式是否为 true，如果是 true，则执行循环语句；否则结束循环。do…while 语句的流程图如图 9-13 所示。

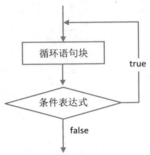

图9-13   do…while语句流程图

do…while 语句与 while 语句相比，do…while 语句至少会被执行一次，而 while 语句有可能一次也不被执行。

4. 跳转语句

跳转语句主要有 break 和 continue 两种，只能与循环语句或 switch 语句一起使用，不能单独使用或在其他结构语句中使用。

（1）break 语句

break 语句可以实现跳出循环或 switch 语句的功能。例如，break 语句可以实现从 switch…case 结构中的某个 case 分支中跳出，从而结束整个 switch…case 分支语句。在使用 break 语句时，一般只能跳出当前循环。

（2）continue 语句

continue 语句也用于循环语句，它的作用和 break 语句类似，但是它不能结束整个循环，而是只能结束当前一次循环，然后继续执行下一次循环。

9.5.4   函数

函数是指能够完成特定功能的一段代码。将完成特定功能的代码封装在一个函数中，在应用时，调用该函数即可实现函数内容的相应功能。例如 alert（）是 JavaScript 提供的函数，实现弹出对话框的功能。

在 JavaScript 代码编写时，通过函数的调用，可以避免相同功能代码的重复编写，可以很好地提高代码的编写效率。

函数定义的基本语法：

```
function 函数名（参数）{
    函数代码；
}
```

函数声明是采用关键字 function，函数名是开发人员自行定义的标识符，函数名的命名必须符合标识符的命名规则。如果函数涉及相关参数的传递，则需要在函数名中声明相关参数。函数代码即为实现相关功能的 JavaScript 代码。

例如，定义计算两个变量积的函数。具体代码如下：

```
function mul(){
 var a=2;
 var b=3;
 b=a*b;
 alert(b);
}
```

在 JavaScript 的函数定义时，可以有参数，具体代码如下：

```
function mul(a,b){
 var mul=a*b;
alert(mull);
}
```

其中 a 和 b 是函数的两个参数（形参）。JavaScript 的参数传递过程和 Java 或者 C 等计算机语言类似，调用函数时，需要将函数的实参传递给函数的形参。例如 mul(2,3)，则结果为 6。

在 JavaScript 的函数定义时，还可以将函数中的计算结果进行返回，此时需要在函数中添加 return 语句，具体代码如下：

```
function mul(a,b){
var mul=a *b;
return mul;
}
```

当函数有返回值时，在调用函数时需要将返回值存储在变量中，具体代码如下：

```
result=mul(2,3);
```

执行以上语句后，result 变量中的值为 6。

在定义了 JavaScript 函数之后，需要对这个函数进行调用，从而实现其函数功能。例如在 JavaScript 的按钮单击事件中调用乘法函数。

【**实例 9-8**】函数定义与调用。定义函数用于计算长方形面积，并将结果显示在文本框中。

```
<html>
<head>
    <title>函数调用</title>
 <head>
<body>
<script language="JavaScript">
function rec(form){
form.recanswers.value=parseInt(form.recshortth.value)*parseInt(form.
reclength.value);
  }
</script>
<form>
    <table align="center">
    <tr>
        <td colspan="2"><h1 align="center">长方形面积计算</h1></td>
    </tr>
        <tr>
     <td align="right">宽 =</td>
     <td><input type="text" name="recshortth"></td>
        </tr>
        <tr>
```

```
     <td align="right">长 =</td>
      <td><input type="text" name="reclength"></td>
      </tr>
      <tr>
       <td><input name="button" type="button" onClick="rec(this.form)"
value=" 面积 "></td>
      <td><input type+"text" name="recanswers"></td>
      </tr>
    </table>
 </form>
 </body>
 </html>
```

运行效果如图 9-14 所示。

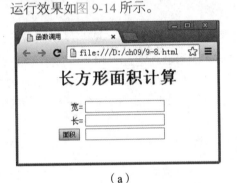
（a）

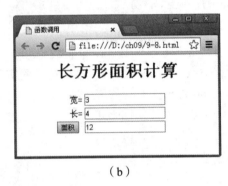
（b）

图9-14   长方形面积计算实例

9.6   对 象 概 述

JavaScript 就是一种基于对象和事件驱动的脚本语言。JavaScript 语言在客户端的浏览器就可以互动响应相关的处理程序，而不需要服务器进行相应的处理和响应。对象和事件是 JavaScript 的两个重要内容。

对象是一种特殊的数据，它拥有相关的属性和方法。在 JavaScript 中所有事物都是对象：字符串、数值、数组、函数等，此外，JavaScript 还允许开发人员自定义对象。

JavaScript 也是一门面向对象的编程语言，对象包含数据的属性和允许对数据属性进行访问并操作的方法两个部分，标准的面向对象的编程一般有以下几个特点：

（1）封装。在面向对象的程序设计中，封装是一个重要的原则。所谓"封装"，就是将对象中的各种属性和方法按照一定的安排，可任意提供一组给外部使用者访问权限，更直接地说，就是将一段可以实现某一功能的程序段"打包"。例如，Navigator 对象中 appName 属性包含了一段实现特定功能的程序段，将这些程序段调试好，然后将这些程序段封装起来，用于显示浏览器名称。

（2）继承。在程序开发过程中，为了保持某些窗口或者其他属性的一致性，将该对象的属性和方法引用到其他对象，最好的方法就是继承。例如 A 对象继承 B 对象，那么 A 对象就是 B 对象的子对象，A 对象将拥有 B 对象的属性和方法，如图 9-15 所示。

（3）多态。在面向对象程序设计中，对于对象的继承，各对象附属的方法也有一定的层次关系，因此对那些功能相同的方法就可以使用相同的名称，可以大大简化对象方法的调用。

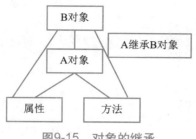

图9-15　对象的继承

JavaScript 编程中主要会用到 JavaScript 内置对象，如 String、Date 等，还有浏览器内部对象 Navigator 对象、Window 对象、Location 对象、History 对象、Document 对象，在 JavaScript 中可以直接调用。这些对象将在本单元的后面部分做详细介绍。其实，除了这些预定义的对象之外，可以将网页文档中的每个元素都看成是一个个对象，为了更好地理解，引入 HTML DOM 的概念。

9.6.1　HTML DOM概念

HTML DOM 是"HTML 文档对象模型"的英文缩写（Document Object Model for HTML），DOM 可以一种独立于平台和语言的方式访问和修改一个文档的内容和结构。换句话说，DOM 为处理一个 HTML 或 XML 文档提供了标准的方法。通过 DOM，可以访问所有的 HTML 元素，连同它们所包含的文本和属性，可以对其中的内容进行修改和删除，同时也可以创建新的元素。有一点很重要，DOM 的设计是以对象管理组织（OMG）的规约为基础的，因此可用于任何编程语言。

把网页文档看成是按照网页元素层次结构生成的树。如图 9-16 所示，在这棵树中处在同一层的元素，把它们称为"兄弟结点"，如图中的元素 <a> 和元素 <h1>；属于上下层关系的元素，称为"父子结点"，如图中父结点 <body> 和子结点 <a>；属于间接上层或是下层的元素，称为"祖先结点"或"子孙结点"，如图中祖先结点 <html> 和子孙结点 <title> 整个文档是一个 document 对象，文档中的元素也是一个个对象，如 <a> 对象、<h1> 对象，其中 <a> 对象中有自己的属性和方法。在 JavaScript 中，利用 DOM 动态地生成和删除元素、修改元素的属性等，使得页面的交互性大大增强。

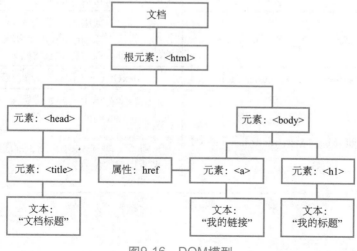

图9-16　DOM模型

9.6.2 对象的属性

对象的属性是指与对象有关的值。例如通过对象属性的调用，获取对象的值，代码如下：

```
<script language="JavaScript">
function rec(form){
    var width=form.recshortth.value;
    var length=form.reclength.value;
    form.recanswers.value=width*length;
 }
```

9.6.3 对象的方法

对象的方法是指对象可以执行的动作，或可以实现的功能。例如，可以调用字符串对象的 **toUpperCase**（）方法实现将字符串对象中的所有字符用大写字母显示的功能。

```
<script type="text/JavaScript">
var str="Hello world!"
document.write(str.toUpperCase());
</script>
```

9.6.4 常用对象

下面介绍一些 JavaScript 中常用的对象以及对象的属性和方法。

1. 字符串（String）对象

字符串对象的常用属性和方法如表 9-5 所示。

表9-5　字符串对象的常用属性和方法

属性和方法	名　称	说　明
属性	length	返回字符串的长度
方法	charAt（index）	返回字符串位于第 index 位置上的字符
	charCodeAt（index）	返回字符串位于第 index 位置上的字符的 ASCII 码
	fromCharCode（a, b, c...）	返回一个字符串，该字符串中每个字符的 ASCII 码由 a, b, c... 来确定
	indexOf（str_new,start_index）	从字符串对象中的起始位置 start_index 开始查找新字符串对象 str_new，如果找到了，就返回它的位置，如果没有找到就返回 "-1"
	lastIndexOf（str_new,start_index）	于 indexOf（）类似，只是查找时从后边开始找
	substring（start_index,last_index）	返回原字符串中从起始位置 start_index 到结束位置 last_index 的一段子字符串。如果没有指定结束位置或指定的结束位置超过了原字符串的长度，则子字符串从起始位置一直取到原字符串尾。如果所指定的位置无法得到子字符串，则返回空字符串

续表

属性和方法	名　称	说　明
方法	substr(start_index,length)	返回原字符串中从起始位置 start_index 开始，长度为 length 的一段的子字符串。如果没有指定 length 或指定的 length 超过字符串长度，则子字符串从起始位置一直取到原字符串尾。如果所指定的位置无法得到子字符串，则返回空字符串
	toLowerCase()	返回把原字符串中的所有字符都变成小写
	toUpperCase()	返回把原字符串中的所有字符都变成大写

【**实例 9-9**】字符串对象的常用方法和属性。

```html
<html>
<head>
<title>字符串对象实例</title>
</head>
<body>
<script language="JavaScript">
 var str="Hello JavaScript.";
 var str_new=str.substr(6,10);
 document.write(str_new);
</script>
</body>
</html>
```

运行效果如图 9-17 所示。

图9-17　字符串对象实例

2. 日期和时间（Date）对象

Date 对象可以用于存储日期和时间，定义日期对象：

```
var today=new Date();
var d=new Date(99,10,1);      //1999年10月1日
```

Date 对象的常用方法如表 9-6 所示。

表9-6　Date对象的常用方法

方法名称	说　明
get/setFullYear()	获取 / 设置年份，年份用四位数表示，如"日期对象 .setFullYear(99)"，则表示年份被设置为 0099 年
get/setYear()	获取 / 设置年份，年份用两位数表示。设定年份时自动加上"19"开头，如"日期对象 .setYear(00)"，则表示年份被设置为 1900 年
get/setMonth()	获取 / 设置月份，其中 0 表示 1 月，依次类推
get/setDate()	获取 / 设置日期
get/setDay()	获取 / 设置星期，其中 0 表示星期天
get/setHours()	获取 / 设置小时数，24 小时制
get/setMinutes()	获取 / 设置分钟数
get/setSeconds()	获取 / 设置秒钟数
get/setMilliseconds()	获取 / 设置毫秒数
get/setTime()	获取 / 设置时间，该时间就是日期对象的内部处理方法

【**实例** 9-10】显示当前时间。

```html
<html>
<head>
  <title> 日期时间对象实例 </title>
</head>
<body>
<script language="JavaScript">
var today=new Date();
var day;
var date;
switch(today.getDay())
{
   case 0:day=" 星期日 ";break;
   case 1:day=" 星期一 ";break;
   case 2:day=" 星期二 ";break;
   case 3:day=" 星期三 ";break;
   case 4:day=" 星期四 ";break;
   case 5:day=" 星期五 ";break;
   case 6:day=" 星期六 ";break;
   default:day="error";
}
   date=" 今天是 "+(today.getYear()+1900)+" 年 "+(today.getMonth()+1)+" 月
"+today.getDate()+" 日 "+day+"";
   document.write(date);
</script>
</body>
</html>
```

运行效果如图 9-18 所示。

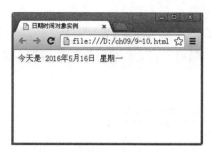

图9-18 Date对象实例

3. 数组（Array）对象

数组对象是对象的集合，数组中的对象可以具有不同的数据类型。数组中的的每一个成员都有一个相对应的"下标"，下标从 0 开始标示。数组的定义方法如下：

```
var newArray1=new Array();                // 定义一个空数组
var newArray2=new Array(n);               // 定义 n 个空元素的数组
var newArray3= new Array(1, 4.5, 'Hi');   // 定义有初始值的数组
```

数组对象的常用属性和方法如表 9-7 所示。

表9-7 数组对象常用属性与方法

	名　称	说　明
属性	length	返回数组的长度，即数组中元素的个数
方法	join(分隔符)	返回一个字符串，该字符串把数组中的各个元素串起来，用分隔符置于元素与元素之间
	reverse()	使数组中的元素反过来排序。如数组 a=[1, 2, 3]，则使用该方法后，a=[3, 2, 1]
	slice(start_index,last_index)	返回原数组中起始于 start_index，结束于 last_index 的一个数组子集。如果不给出 last_index，则子集一直取到原数组的结尾
	sort([< 方法函数 >])	使数组中的元素按照一定的顺序排列。如果有 < 方法函数 >，则按照 < 方法函数 > 中的排序方式排序。如果没有 < 方法函数 >，则按字母顺序排序

4. 算数（Math）对象

Math(算数) 对象用于执行常见的算学计算任务。Math对象常用的属性和方法如表9-8所示。

表9-8 Math对象常用的属性和方法

属性和方法	名　称	说　明
属性	E	返回常数 e=2.718281828...
	LN2	返回 2 的自然对数 ln2
	LN10	返回 10 的自然对数 ln10
	LOG10E	返回 $\log_{10}e$
	LOG2E	返回 $\log_2 e$
	PI	返回 π =3.1415926535...

续表

属性和方法	名　　称	说　　明
属性	SQRT1_2	返回 1/2 的平方根
	SQRT2	返回 2 的平方根
方法	abs(x)	返回 x 的绝对值
	cos(x)	返回 x 的余弦
	acos(x)	返回 x 的反余弦值（余弦值等于 x 的角度），用弧度表示
	sin(x)	返回 x 的正弦
	asin(x)	返回 x 的反正弦值
	tan(x)	返回 x 的正切
	atan(x)	返回 x 的反正切值
	atan2(x, y)	返回复平面内点（x, y）对应的复数的幅角，用弧度表示，其值在 $-\pi$ 到 π 之间
	ceil(x)	返回大于等于 x 的最小整数
	exp(x)	返回 e 的 x 次幂（ex）
	floor(x)	返回小于等于 x 的最大整数
	log(x)	返回 x 的自然对数（ln x）
	max(a, b)/ min(a, b)	返回 a, b 中较大的数 / 返回 a, b 中较小的数
	pow(n, m)	返回 n 的 m 次幂（nm）
	random()	返回大于 0 小于 1 的一个随机数

【实例 9-11】Math 对象实例。

```html
<html>
<head>
  <title>Math 对象实例</title>
</head>
<body>
产生一个 1-100 的随机数：
<script language="JavaScript">
var a=Math.random();
var b=a*100;
var c=Math.floor(b);
document.write(c);
</script>
</body>
</html>
```

运行效果如图 9-19 所示。

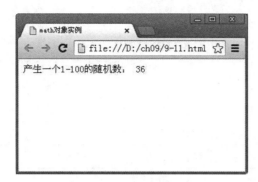

图9-19 Math对象实例网页效果

9.7 事 件

在函数定义之后，需要调用函数才能实现函数的功能，在 JavaScript 中往往需要一些事件来触发函数的执行。JavaScript 有很多事件，例如鼠标的单击、移动，网页的载入和关闭等。下面对 JavaScript 的常用事件做简要介绍。

1. 单击事件 onclick

单击事件示例代码如下：

```
<button value=" 提交 " onclick="rec()">通过单击调用 rec() 函数 </button>
```

单击"提交"按钮时，触发 onclick 事件，调用 **rec()** 函数。

2. 鼠标经过事件 onmouseover

使用鼠标经过事件示例代码如下：

```
<button value=" 提交 " onmouseover="rec()">通过鼠标经过事件调用 rec() 函数 </button>
```

当鼠标经过"提交"按钮时，触发 onmouseover 事件，将会调用函数 **rec()**。

3. 鼠标移出事件 onmouseout

使用鼠标移出事件代码如下：

```
<button value=" 提交 " onmouseout="rec()"> 通过鼠标移出事件调用 rec() 函数 </button>
```

把鼠标移动到"提交"按钮上，再从"提交"按钮上移动出去时，触发 onmouseout 事件，调用函数 **rec()**。

4. 聚焦事件 onfocus

聚焦事件的代码如下：

```
<select name=" 聚焦事件 " onfocus=rec()>
```

当多选框中内容被选中时，触发聚焦事件，调用函数 **rec()**。

5. 页面加载事件 onload

页面加载事件的代码如下：

```
<body onload="alert(' 页面正在加载中 ……')">
</body>
```

打开页面时，在页面中加载对话框，对话框中的内容为"页面正在加载中……"。

除了以上所列举的 JavaScript 事件以外，还有以下常用事件，具体内容如表 9-9 所示。

表9-9　JavaScript常用事件

事　　件	说　　明
onabort	图片下载被打断时
onblur	元素失去焦点时
onchange	框内容改变时
ondblclick	鼠标双击一个对象时
onerror	当加载文档或图片发生错误时
onkeydown	按下键盘按键时
onkeypress	按下或按住键盘按键时
onkeyup	放开键盘按键时
onmousedown	鼠标被按下时
onmouseover	鼠标经过元素时
onmouseup	释放鼠标按键时
onreset	重新单击鼠标按键时
onresize	当窗口或框架被重新定义尺寸时
onselect	文本被选择时
onsubmit	单击"提交"按钮时
onunload	用户离开页面时

【实例 9-12】onchange 事件的应用。

```html
<html>
<head>
    <title>onchange 事件 </title>
<head>
<body>
<script  language="JavaScript">
      function rec(form){
        confirm("内容不能被更改！ ");
      }
</script>
<form>
<input type="text" value="hello" onchange="rec(this.from)">
</form>
</body>
</html>
```

运行效果如图 9-20 所示。

图9-20 onChange事件实例网页效果

9.8 jQuery脚本编程

9.8.1 jQuery介绍

随着 AJAX 等在互联网上的快速传播和发展，陆续出现了 Prototype、YUI、jQuery、mootools 等优秀的 JS 框架。其中 jQuery 是继 prototype 之后的又一个优秀 JavaScript 框架。它是由 John Resig 于 2006 年初创建的，它凭借简洁的语法和跨平台的兼容性，简化了 JavaScript 开发人员遍历 HTML 文档、操作 DOM、处理事件和动画等的操作，很好地提高了开发人员的工作效率。

9.8.2 jQuery的特点

jQuery 具有独特的选择器、DOM 操作以及事件处理机制等优点，总体概括来说，jQuery 有如下特点：

（1）轻量级

jQuery 非常轻巧，压缩后的大小不到 30 KB。

（2）强大的选择器

jQuery 允许开发人员既可以使用从 CSS1 到 CSS3 的所有选择器，还可以使用 jQuery 独有的选择器，甚至开发人员还可以自己编写选择器。

（3）出色的 DOM 操作的封装

jQuery 封装了大量常用的 DOM 操作，以便于轻松地完成各种原本非常复杂的操作，这使得开发人员可以更便捷地进行 JavaScript 编程。

（4）可靠的事件处理机制

jQuery 在处理事件绑定时非常可靠。

（5）完善的 AJAX

jQuery 将所有的 AJAX 操作封装到一个函数 $.AJAX() 中，使得开发人员处理 AJAX 时能够专心处理业务逻辑，而无需关注复杂的浏览器兼容性等问题。

（6）出色的浏览器兼容性

作为一个目前较为流行的 JavaScript 库，jQuery 能够在 IE6.0+、FF2+、Safari2.0+、Opera9.0+ 和 chrome 等浏览器下正常运行。

（7）链式操作方式

jQuery 的链式操作方式是指对于发生在同一个 jQuery 对象上的一组动作，可以直接连接，而无需重复获取对象。

（8）隐式迭代

当用 jQuery 找到带有 ".myClass" 类的全部元素，可以对它们进行隐藏，并且无需循环遍历每一个返回的元素。jQuery 里的方法都被设计成自动操作对象的对象集合，而不是单独的对象，这使得大量的循环结构变得不再必要，从而大幅地减少了代码量。

（9）行为层与结构层的分离

程序开发人员可以使用 jQuery 选择器选中元素，然后直接给元素添加事件，从而实现行为层与结构层的分离。这一特性使得 jQuery 开发人员和 HTML 开发人员可以各司其职，减少开发时的冲突。

（10）开源

jQuery 是一个开源产品，任何感兴趣的爱好者都可以使用 jQuery 并对其进行改进。

9.8.3　jQuery应用

jQuery 不需要安装，可在 jQuery 的官网下载 jQuery 相应的源文件，存放在本地计算机上。需要使用 jQuery 时，只需要在相关的 HTML 文档中引入该 jQuery 库文件即可。

【**实例 9-13**】一个简单的 jQuery 实例。

```html
<html>
<head>
<title>一个简单的 jQuery 实例</title>
<!- 引入 jQuery 库文件 -->
<script src="jQuery-1.11.3.min.js" type="text/JavaScript"></script>
</head>
<body>
<button class="demo">点击这里</button>
<script type="text/JavaScript">
$("button").click(
function(){
   alert("hello JavaScript!");
 }
 );
</script>
</body>
</html>
```

运行效果如图 9-21 所示。

图9-21　简单的jQuery实例

9.8.4 jQuery选择器

选择器是 jQuery 的基础内容之一，jQuery 的行为需要在获取元素之后才能执行。利用 jQuery 选择器，可以非常快捷地找到特定的 DOM 元素，然后再为找到的 DOM 元素添加相应的行为。

从实例 9-13 中可以看出 jQuery 选择器的写法与 CSS 选择器的写法十分类似。不同之处在于 CSS 选择器找到元素后是为元素添加样式，而 jQuery 选择器在找到元素后是为其添加行为。

jQuery 选择器分为基本选择器、层次选择器、过滤器选择器和表单选择器。基本选择器是 jQuery 中最常用的选择器，它通过元素的标记名、class 和 id 等来查找元素。基本选择器的具体内容如表 9-10 所示。

表9-10　基本选择器

选择器	描　　述	示　　例
#id	根据给定的 id 名查找一个元素	$("#one")
.class	根据给定的类名查找元素	$(".ch")
元素名	根据给定的元素名查找元素	$("p")
*	选择所有元素	$("*")

如果在某些场合，需要根据元素之间的层次关系来获取特定元素，如子元素、相邻元素和兄弟元素等，那么可以采用层次选择器。层次选择器的具体内容如表 9-11 所示。

表9-11　层次选择器

选择器	描　　述	示　　例
$("ancestor descendant")	选取 ancestor 元素的所有后代元素	$("div span")
$("parent>child")	选取 parent 元素下的 child（子）元素	$("div > span")
$("prev+next")	选取紧接在 prev 元素后的 next 元素	$(".one+div")
$("prev~siblings")	选取 prev 元素之后的所有 siblings 元素	$("#one~div")

过滤选择器是通过特定的过滤规则来选出符合规则的 DOM 元素，根据过滤规则的不同，过滤选择器可以分为基本过滤、内容过滤、可见性过滤、属性过滤等。由于本单元内容有限，这里仅列举了基本过滤选择器。过滤选择器的具体内容如表 9-12 所示。

表9-12　过滤选择器

选择器	描　　述	示　　例
:first	选取第一个元素	$("div:first")
:last	选取最后一个元素	$("div:last")
:not(selector)	去除所有与给定选择器匹配的元素	$("input:not(.one)")
:even	选取索引是偶数的所有元素，索引从 0 开始	$("input:even")
:odd	选取索引是奇数的所有元素，索引从 0 开始	$("input:odd")
:eq(index)	选取索引等于 index 的元素（index 从 0 开始）	$("input:eq(5)")

续表

选择器	描　　述	示　　例
:gt(index)	选取索引大于 index 的元素（index 从 0 开始）	$("input:gt(3)")
:lt(index)	选取索引小于 index 的元素（index 从 0 开始）	$("input:lt(2)")
:header	选取所有的标题元素，例如 h1,h2,h3 等	$(":header")
:animated	选取当前正在执行动画的所有元素	$("div:animated")

为了方便用户进行表单的操作，**jQuery** 中加入了表单选择器，它可以便捷的获取表单的某个或某类型的元素。表单选择器的具体内容如表 9-13 所示。

表9-13　表单选择器

选择器	描　　述	示　　例
:input	选取所的 \<input\>、\<textarea\>、\<select\> 和 \<button\> 元素	$(":input")
:text	选取所有的单行文本框	$(":text")
:password	选取所有的密码框	$(":password")
:radio	选取所有的单选框	$(":radio")
:checkbox	选取所有的多选框	$(":checkbox")
:submit	选取所有的提交按钮	$(":submit")
:image	选取所有的图像按钮	$(":image")
:reset	选取所有的重置按钮	$(":reset")
:button	选取所有的按钮	$(":button")
:file	选取所有的上传域	$(":file")
:hidden	选取所有不可见元素	$(":hidden")

【实例 9-14】jQuery 选择器中的基本选择器应用。

```html
<html>
<head>
<title>jQuery 选择器 </title>
<style type="text/css">
div{
width:180px;
height:180px;
margin:5px;
float:left;
font-size:20px;
font-family:" 宋体 "
}
div.mini{
width:120px;
height:120px;
font-size:18px;
}
</style>
<script src="jQuery-1.11.3.min.js" type="text/JavaScript"></script>
</head>
```

```
<body>
<h1> jQuery 选择器 </h1>
<div class="big" id="one">
  class=big;
  <br/>
  id=one;
    <div class="mini">
       class =mini;
    </div>
</div>
</div>
<script type="text/JavaScript">
$("#one").css("background","#00ff00");
$(".mini").css("background","#ff0000");
</script>
</body>
</html>
```

运行效果如图 9-22 所示。

图9-22　jQuery选择器实例

9.8.5　jQuery中的DOM操作

DOM 操作一般分为 DOMCore（核心）、HTML-DOM 和 CSS-DOM。在 jQuery 中，可以使用 DOM 模型方便地访问或设置网页元素。网页代码如下：

```
<body>
<p title="SISO"> 苏州工业园区服务外包职业学院 </p>
<ul>
  <li title="ITO"> 信息工程学院 </li>
  <li title="NTO"> 纳米科技学院 </li>
  <li title="BPO"> 商学院 </li>
</ul>
</body>
```

从以上的代码中，将 HTML 文档看作一棵 DOM 树，如图 9-23 所示。

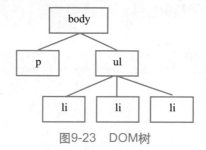

图9-23　DOM树

在 DOM 树中，<body>、<p>、<ul> 以及 <ul> 的三个 <li> 子结点都是 DOM 元素结点。

利用前一小节中的 jQuery 选择器，可以快捷地找到 HTML 中的某个元素结点，然后再对元素结点进行相应的操作。但在 DOM 操作中，开发人员往往需要动态地创建 HTML 中的一些内容，从而达到人机交互的目的。例如在上例中，可以添加一个新的 li 结点，可以删除一个已有的 li 结点，也可以复制某一个 li 结点等。

1. 插入结点

插入结点最简单的方法是让新结点成为某个结点的子结点，可以通过使用方法 append（）实现。当然，插入结点的方法并非只有一种，在 jQuery 中提供了多种插入结点的方法，具体内容如表 9-14 所示。

表9-14　插入结点的方法

方　　法	描　　述
append ()	向元素追加内容
appendTo ()	将所有匹配的元素追加到指定的元素中。与 append 添加方向相反
prepend ()	向某个元素前面添加内容
prependTo ()	将所有匹配的元素前置到指定的元素中。与 prepend 添加方向相反
after ()	在匹配元素后面插入内容
insertAfter ()	将所有匹配的元素插入到指定的元素中
before ()	在匹配的元素之前插入内容
insertBefore ()	将所有匹配的元素插入到指定的元素中

2. 删除结点

如果想要删除多余结点，可以采用 jQuery 提供 remove() 和 empty() 方法来实现。

3. 复制结点

如要想要实现复制结点的功能，可以使用 jQuery 提供的 clone() 方法来实现。

4. 替换结点

如果想要替换某个结点，可以使用 jQuery 提供的 replaceWith() 和 replaceAll() 方法来实现。

5. 属性操作

在 jQuery 中可以使用 attr() 方法来获取和设置元素属性，可以使用 emoveAttr() 方法来删除元素属性。

除此以外，利用 jQuery 的 DOM 操作，还可以实现设置样式、遍历结点等功能，由于本单元内容有限，这里不做详细介绍。

【实例 9-15】jQuery 的 DOM 操作实例。

```
<html>
<head>
<title>jQuery 的 DOM 操作 </title>
<script src="jQuery-1.11.3.min.js" type="text/JavaScript"></script>
</head>
<body>
<p title="SISO"> 苏州工业园区服务外包职业学院 </p>
<ul>
```

```
 <li title="ITO"> 信息工程学院 </li>
 <li title="NTO"> 纳米科技学院 </li>
 <li title="BPO"> 商学院 </li>
</ul>
<script type="text/JavaScript">
var $li_4=$("<li> 人文艺术学院 </li>");
$("ul").append($li_4);
</script>
</body>
</html>
```

运行效果如图 9-24 所示。

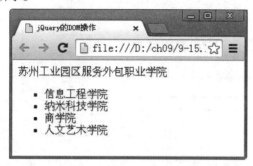

图9-24　jQuery的DOM操作实例

9.8.6　jQuery中的事件和动画

1. jQuery 的事件

JavaScript 和 HTML 之间的交互式主要是通过用户在操作浏览器页面时引发的事件来实现的。当页面中的某些元素发生变化或执行某些操作时，浏览器会产生一个相应的事件。例如当用户单击某个按钮时，引发单击事件。前面已经介绍了 JavaScript 可以完成一些事件操作，而 jQuery 则大大增加并扩展了事件处理的能力。

jQuery 中的事件包括加载 DOM 事件（$(document).ready() 方法）、绑定事件（bind() 方法）、合成事件（hover() 方法和 toggle() 方法）等。在网页中既可以使得某一个元素响应一个或多个事件，也可以在页面上的多个元素响应同一个事件。

【**实例 9-16**】jQuery 绑定事件实例。

```
<html>
<head>
<title>jQuery 绑定事件 </title>
<script src="jQuery-1.11.3.min.js" type="text/JavaScript"></script>
</head>
<body>
<button id="btn"> 苏州工业园区服务外包职业学院 ( 绑定 )</button>   <button id="nobtn"> 去除绑定 </button>
<div id="test"></div>
<script type="text/JavaScript">
    $("#btn").bind("click",function(){
    $("#test").append("<p> 信息工程学院 </p>");
    $("#test").append("<p> 纳米科技学院 </p>");
    $("#test").append("<p> 商学院 </p>");
    $("#test").append("<p> 人文艺术学院 </p>");
```

```
        $("#nobtn").click(function()      {
          $("#btn").unbind();
      })
  </script>
  </body>
  </html>
```

运行效果如图 9-25 所示。

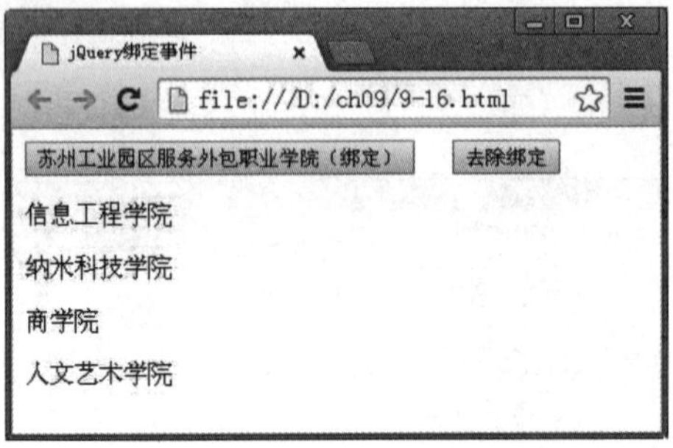

图9-25　jQuery绑定事件实例

2. jQuery 中的动画

网页中增加动画效果是 jQuery 库吸引人的地方之一。通过 jQuery 的动画效果，能够轻松地为网页添加非常精彩的视觉效果。

在 jQuery 设置动画的方法中，显示 show() 方法和隐藏 hide() 方法是最基本的动画方法。show() 方法和 hide() 方法可以不带任何参数，此时它们的功能相当于 CSS 中的 ("display","none/block/inline")，此时的效果是显示或隐藏相关元素而不具有任何动画效果。如果希望实现动画效果，则需要在调用 show() 方法时为其制定一个速度参数 "slow" 或具体的时间，例如 $("element").show("slow")，此时元素可以实现 "慢慢显示" 的动画效果。

除了显示 show() 和隐藏 hide() 方法以外，常用的动画方法还有改变透明度的 fadeIn() 方法和 fadeOut() 方法，改变元素高度的 slideUp() 和 slideDown() 方法等，具体内容如表 9-15 所示。

表9-15　jQuery中的动画方法

方法名	说　　明
hide() 和 show()	隐藏和显示方法
fadeIn() fadeOut()	改变透明度。fadeOut() 改变透明度，直到淡出。fadeIn() 则相反
slideUp() slideDown()	改变元素高度
fadeTo()	只改变不透明度
toggle()	用来代替 hide() 方法和 show() 方法，可以同时改变多个样式属性，如高度、宽度和不透明度
slideToggle()	用来代替 slideUp() 方法和 slideDown() 方法，因此只能改变高度
animate()	属于自定义动画的方法，以上各种动画方法实质内部都调用了 animate() 方法。此外，直接使用 animate() 方法还能自定义其他的样式属性，例如 left、marginLeft、scrollTop 等
stop()	停止动画

【实例 9-17】 jQuery 设置动画实例。

```
<html>
<head>
<title>jQuery 动画实例 </title>
<script src="jQuery-1.11.3.min.js" type="text/JavaScript"></script>
<style type="text/css">
.content{ display:none}
</style>
</head>
<body>
<div id="pane1">
  <h5 class="head"> 苏州工业园区服务外包职业学院 </h5>
  <div class="content" id="h">
   <ul>
     <li title="ITO"> 信息工程学院 </li>
     <li title="NTO"> 纳米科技学院 </li>
     <li title="BPO"> 商学院 </li>
     <li title="KPO"> 人文艺术学院 </li>
   </ul>
  </div>
</div>
<script type="text/JavaScript">
$("#pane1 h5.head").hover(function(){
    $(this).next().show(300);
  },function(){
    $(this).next().hide(300);
  });
</script>
</body>
</html>
```

运行效果如图 9-26 所示。

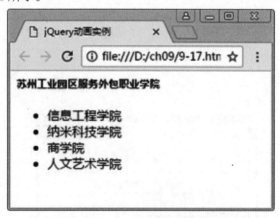

图9-26 jQuery动画实例

9.8.7 jQuery表单和表格的应用

表单一般由三部分组成，分别是表单标记、表单域和表单按钮。

表单标记包含表单数据操作时所需要用到的服务端程序 URL，以及数据提交到服务器的方法。

通过提交按钮或标准按钮将表单域中的数据传送到服务器或者取消传送，同时也可以用于控制其他处理工作。通常使用 **JavaScript** 或 **jQuery** 完成客户端的用户数据验证，实现特殊页面效果，改善用户交互体验。

【**实例 9-18**】 jQuery 表单应用实例。

```html
<html>
<head>
<title> jQuery 表单应用 </title>
<script type="text/JavaScript" src="jQuery-1.11.3.min.js" ></script>
</head>
<body>
<form>
<fieldset>
<legend>登录 </legend>
<div>
    <label for="user"> 用户名 :</label>
    <input id="user" type="text"/>
</div>
<div>
     <label for="password">密  码 :</label>
     <input id="password" type="password" />
</div>
<div>
    <button name="submit"> 提交 </button>
    <button name="reset"> 重置 </button>
</div>
</fieldset>
</form>
<script type="text/javascript">
$("input").focus(
function(){
$(this).css("border","1px solid #f00");
$(this).css("background","#fcc");
});
</script>
</body>
</html>
```

运行效果如图 9-27 所示。

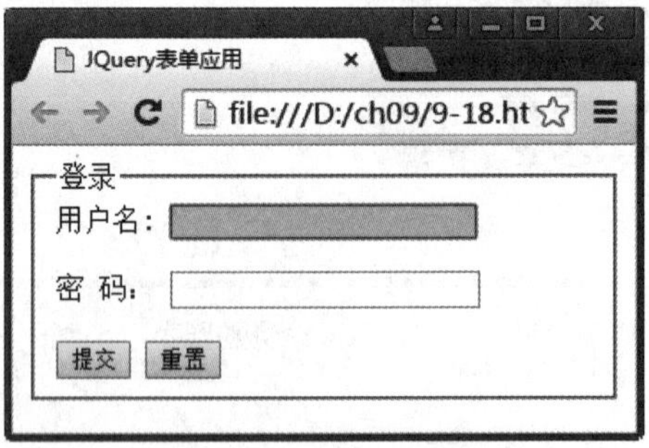

图9-27　jQuery表单应用实例

　　表格是网页中的常用元素之一，利用 jQuery 可以实现表格的一些特殊效果，例如隔行的高亮显示，选中行的高亮显示等效果，由于本节内容有限，这里不做详细描述。

【**实例** 9-19】jQuery 表格应用实例。使用 jQuery 高亮显示表格中被选中的数据行。

```html
<html>
<head>
<title>jQuery 表格应用 </title>
<style type="text/css">
.even{background:#FFF38F;}
.odd{background:#FFFFEE;}
.selected{ background:#CCCCCC}
</style>
<script src="jQuery-1.11.3.min.js" type="text/JavaScript"></script>
</head>
<body>
<table>
  <thead>
    <tr>
      <th> </th><th> 姓名 </th><th> 性别 </th><th> 班级 </th>
    </tr>
  </thead>
    <tr>
      <td><input type="radio" name="radio"/></td>
<td> 王同学 </td><td> 男 </td><td> 软件 141</td>
    </tr>
    <tr>
      <td><input type="radio" name="radio"/></td>
<td> 张同学 </td><td> 男 </td><td> 网络 142</td>
    </tr>
    <tr>
      <td><input type="radio" name="radio"/></td>
<td> 李同学 </td><td> 男 </td><td> 软件 141</td>
    </tr>
    <tr>
      <td><input type="radio" name="radio"/></td>
<td> 杨同学 </td><td> 女 </td><td> 网络 142</td>
    </tr>
</table>
<script type="text/JavaScript">
    $("tr").click(
    function(){
    $(this).addClass("selected");
    $(this).siblings().removeClass("selected");
    $(this).find(":radio").attr("checked",true);
  });
</script>
</body>
</html>
```

运行效果如图 9-28 示。

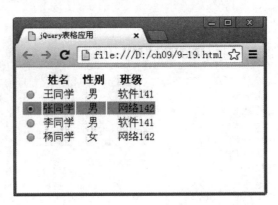

图9-28　jQuery表格应用实例

实训任务——登录页面制作

任务描述

需求提出：某电子商务网站是一个二手电子设备的交易平台，买家浏览到心仪的商品可以进行收藏，放入购物车或直接在线购买，需要有个人的账户，要求该平台提供注册、登录功能。

任务要求：创建注册表单并进行美化，网页效果参考图 9-29。编写 **jQuery** 脚本对表单中输入的数据进行简单校验，具体要求如下。

（1）判断用户名长度是否为 **4~9** 个字符。

（2）判断密码和确认密码是否一致。

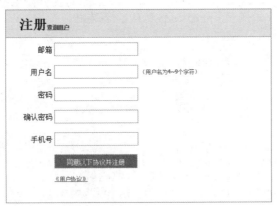

图9-29　网页效果

任务准备

（1）熟悉表单及表单控件的 HTML 标记及其常用属性的设置，了解 HMTL5 新增的控件类型。

（2）熟悉 CSS3 设置页面及表单控件的样式。

（3）熟悉 JavaScript 编程与 **jQuery** 的基本应用。

任务实施

1. 任务实施思路与方案

步骤一：使用 HTML5 生成注册表单及表单控件。表单中包括多种类型的控件，需要给 <input> 标记的 type 属性赋予不同的属性值，如 text、password 等。在 HTML5 中新增了 email、tel 类型，required 属性设置输入控件为必填项。

比如表单中的邮箱一栏，选择 email 类型的控件，并设置该控件为必填属性，在用户输入时会自行对输入内容是否为合法的 email 地址做常规检查。

```
<input type="email" name="email" required>
```

步骤二：美化或格式化表单及表单控件。设置输入控件的大小、边框颜色、"提交"按钮的样式、文本的对齐方式、文字的样式等。

以下 CSS 代码用于设置"提交"按钮样式，使用了 CSS3 的选择器。

```
input[type=submit]{
    border:1px solid #00DFAA;
    width:180px;
    height:30px;
    line-height:30px;
    color:white;
    font-size:14px;
    background-color:#00C8C8;
}
```

步骤三：引入 jQuery 库，完成表单数据验证。首先，需要编写脚本获取用户在网页上输入的数据，如下代码片段所示。使用 jQuery 语句获得表单中的用户名，其中 input[type=text] 是 jQuery 选择器，表示选中所有 type 属性为 text 的 input 元素，val() 为 jQuery 中获取 value 属性值的方法。

```
var user=$('input[type=text]').val();
```

步骤四：定义 form 表单的 onSubmit 事件，当表单"提交"时，触发 jQuery 脚本进行表单数据校验，通过校验则执行 action 属性中设置的页面跳转，否则不执行。

```
<form action="next.html" onSubmit="return checkForm();">
```

2. HTML 文档编写的源代码参考

```
<!doctype html>
<html>
<head>
<meta charset="utf-8">
<title>注册 | 用户</title>
<script src="jQuery-1.11.3.min.js" type="text/JavaScript"></script>
<style type="text/css">
<!--
```

```
body{font-family:Tahoma,Helvetica,arial,sans-serif;}
a{font-size:12px; color:#399;}
div{border:1px solid #89B4D6;
    width:580px;
   background-color:white;
   text-align:left;
}
h2{margin:0px;
   padding:0px 0px 0px 30px;
   font-size:30px;
   height:60px;    line-height:60px;
   border-bottom:1px solid #C8C8C8;
   background-color:#F7F7F7;
}
input{border:1px solid #C8C8C8;
    width:180px;
    height:25px;
    line-height:25px;
    font-size:14px;
}
input[type=submit]{
   border:1px solid #00DFAA;
   width:180px;
   height:30px;
   line-height:30px;
   color:white;
   font-size:14px;
   background-color:#00C8C8;
}
td span{
   font-size:12px;
   color:#999;}
-->
</style>
<script type="text/javascript">
function checkForm(){
   var errMess="";
   // 获取表单中输入的用户名
   var user=$('input[type=text]').val();
   // 获取表单中输入的密码
   var pwd=$('input[type=password]:eq(0)').val();
   // 获取表单中输入的确认密码
   var comPwd=$('input[type=password]:eq(1)').val();
   // 用户名合法验证
   if(user.trim()=="")
          errMess+=" 用户名不能为空！ \n";
   else if(user.length<4||user.length>9)
          errMess+=" 用户名长度不为 4~9 个字符。\n";
   // 密码和确认密码验证
   if(pwd.trim()==""||comPwd.trim()=="")
          errMess+=" 密码和确认密码不能为空！ \n";
   else if(pwd!=comPwd)
```

```
            errMess+=" 密码和确认密码不一致 "
    if(errMess=="")

    return true;
    else {
         alert(errMess);
         return false;}
}
</script>
</head>
<body>
<div>
<h2>注册 <a href="userQuery.html">查询用户 </a></h2>
<form action="next.html" method="post" onSubmit="return checkForm();">
<table border="0" id="box">
<tr>
    <td height="45" align="right" width="100"><label>邮箱 </label></td>
    <td><input type="email" name="email" required></td>
</tr>
<tr>
    <td height="45" align="right"><label>用户名 </label></td>
    <td> <input type="text" name="account" required>
    <span>( 用户名为 4~9 个字符 )</span>

    </td>
</tr>
<tr>
    <td height="45" align="right"><label>密码 </label></td>
    <td><input type="password" name="password" required></td>
</tr>
<tr>
    <td height="45" align="right"><label>确认密码 </label></td>
    <td><input type="password" name="confirmPwd" required></td>
</tr>
<tr>
    <td height="45" align="right"><label>手机号 </label></td>
    <td><input type="tel" name="mobile" required></td>
</tr>
<tr>
    <td height="45" align="right"> </td>
    <td><input type="submit" value=" 同意以下协议并注册 " name="commit"> </
td>
</tr>
<tr>
    <td height="60" align="right"> </td>
    <td height="60" valign="top"><a href="#">《用户协议》</a></td>
</tr>
</table>
</form></div>
</body>
</html>
```

训练技能——简易Web计算器功能的实现

训练目的

（1）掌握 JavaScript 中的常用函数。

（2）掌握 jQuery 中选择器和事件的使用。

训练内容

要求：

（1）使用 HTML 和 CSS 设计和制作简易计算器的界面，网页效果参考图 9-30。

（2）使用 jQuery 完成简单的加减乘除功能。

图9-30 网页效果

第 **10** 单元

综合案例实战

◎**目标**	根据需求设计并制作出完整的网站实例。
◎**重点**	网站素材（尤其是图片）的制作。 页面布局。 页面特效。

10.1　网站设计和准备

本单元将选取一个旅游城市——巴塞罗那，为其制作一个旅游宣传的网站，网站内容包括景点、住宿和交通的介绍。整个站点的层次是一个典型的树状结构，如表 10-1 所示。

表10-1　网站层次结构

首页	景点信息列表页面	景点 1，景点 2，……
	住宿信息列表页面	旅馆 1，旅馆 2，……
	交通信息列表页面	交通方式 1，交通方式 2，……

10.1.1　内容设计

网站制作过程中，需要的素材主要是图片等多媒体文件。读者可从本书的相关网站上找到这些素材（也可扫描右图的二维码），也可根据自己的喜好从网络上下载其他图片代替。另外还有一套配合内容与风格专门设计的图标，用于主页上的导航。

由于网站中页面和素材较多，因此将内容分配在不同的目录中以示区分。读者在使用本案例的源码时，可对应表 10-2 以作参考。

表10-2　网站目录结构

目录 / 文件	说　　明
barcelona	网站根目录
|- pic/	首页和二级页面所用的图片
|- index.html	网站首页
|- scene.html	二级页面：景点列表页面
|- scene/	景点介绍子目录

续表

目录 / 文件	说　　明
|- pic/	景点相关图片
|- ……	景点相关的详情页面
|- hotel.html	二级页面：住宿列表页面
|- hotel/	住宿介绍子目录
|- pic/	住宿相关图片
|- ……	住宿相关的详情页面
|- traffic.html	二级页面：交通列表页面
|- traffic/	交通介绍子目录
|- pic/	交通相关图片
|- ……	交通相关的详情页面
|- bootstrap/	bootstrap 框架所在目录
|- css	bootstrap 所用的样式表
|- fonts	glyphicon 图标和字体
|- js	页面特效所用的 javascript 代码

考虑到页面的美观和开发周期，我们使用了国际上流行的 Bootstrap 框架，具体情况将在下一节讲到。

10.1.2　Bootstrap的应用

Bootstrap 是由 Twitter 设计师开发的基于 HTML、CSS、JavaScript 的前端框架。它简洁灵活，利用 Less 语言实现了优雅的 HTML 和 CSS 规范，一经推出便广受欢迎。

读者可以访问 http://www.bootcss.com/ 网站，下载用于生产环境的 Bootstrap，省去 Less 编译和设置工作，直接使用，便能快捷地开发出美观的页面。网站还提供了详尽的教程和示例代码，使 Bootstrap 更加简单易学。

下载之后可以看到，Bootstrap 目录下共分三个文件夹，分别是 css、fonts、js。css 目录中存放的是样式表文件，fonts 中包括了一些字体图标文件，js 中是实现页面动态特效所需的 JavaScript 代码。Bootstrap 是基于 jQuery 开发的，它正常工作的前提离不开 jQuery，建议读者下载 jQuery（1.9 以上版本），同样复制到 js 文件夹之下。

在一个 html 页面中引用三个文件，便能使用 Bootstrap 功能。

```
<!-- 引入 CSS 样式表 -->
<link rel="stylesheet" href="bootstrap/css/bootstrap.min.css" />
<!-- 引入 jQuery 库 -->
<script type="text/javascript" src="bootstrap/js/jQuery-1.9.1.min.
js"></script>
<!--bootstrap.js-->
<script type="text/javascript" src="bootstrap/js/bootstrap.min.js"></
script>
```

如果对 Bootstrap 提供的默认风格不满意，可以到 http://bootswatch.com/ 网站寻找更多免费的主题样式。在网站上浏览到喜欢的主题，下载其对应的 CSS 文件，放入 bootstrap/css/ 目录下，代替原来的 bootstrap.min.css，即可更换整个网站的主题风格。

10.2 首 页 制 作

使用高清图片作为网页背景，并尽量简化首页展现的内容，已成为许多追求个性化的网页设计师的趋势。本案例选用了最能代表巴塞罗那城市建筑风格的圣家堂的浮雕图片作为首页的背景（见图 10-1）。

图10-1 首页背景的选用

选择的图片颜色较为单一，色调浅淡，不会给人杂乱之感；在背景上放置文字、图层等其他元素也容易显得突出。这样一幅图片的选用，也基本奠定了整个网站的配色风格是以蓝、白为主。

10.2.1 大背景图片的自适应布局

作为背景图片，最理想的情况是在任何大小的窗口中都能"撑满"页面，且高宽比不变形不失真。实现这一点的基本思想是：

（1）计算出图片本身的高宽比 oScale，每次窗口大小变化时再计算窗口的高宽比 scale。

（2）如果 scale > oScale，说明窗口比原图片更"高"。此时应当尽量使图片的高度正好适合窗口。而图片的宽度会超出窗口，那么将图片适当地向左移动一定距离，让图片的中部正好显示在窗口中。

（3）否则，说明窗口比原图片更"扁"。此时应当尽量使图片的宽度正好适合窗口。而图片的高度会超出窗口，那么将图片适当地向上移动一定距离，让图片的中部正好显示在窗口中。

程序的思路如图 10-2 所示。

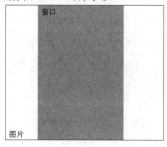

窗口比图片"高"，图片高度撑满窗口

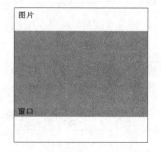

窗口比图片"扁"，图片宽度撑满窗口

图10-2 大图片背景自适应窗口的示意

在文档的顶部放置图片：

```
<img src="pic/bg.jpg" id="bgImg" style="position:fixed" />
```

在文档底部的 script 代码块中添加语句：

```
var oWidth=$("#bgImg").width(); // 获取图片宽度
var oHeight=$("#bgImg").height(); // 获取图片高度
var oScale=oHeight/oWidth; // 计算图片的高宽比
resizeBg(); // 页面加载时自动调整图片大小和位置
$(window).resize(function (){ // 每次窗口大小变化，也调整图片
    resizeBg();
});
function resizeBg(){
    var width=$(window).innerWidth(); // 获取窗口宽度
    var height=$(window).innerHeight(); // 获取窗口高度
    var scale=height/width; // 窗口高宽比
    if (scale > oScale){ // 窗口较"高"
            // 适应高度
            $("#bgImg").height(height + "px");
            width=height / oScale;
            $("#bgImg").width(width + "px");
            // 向左偏移
            var offsetX=-1*(width*1.0-$(window).innerWidth())/2;
            $("#bgImg").css("left",offsetX + "px").css("top","0px");
    }
    else { // 窗口较"扁"
            // 适应宽度
            $("#bgImg").width(width+"px");
            height=width*oScale;
            $("#bgImg").height(height+"px");
            // 向上偏移
            var offsetY=-1*(height*1.0-$(window).innerHeight())/ 2;
            $("#bgImg").css("top",offsetY+"px").css("left","0px");
    }
}
```

10.2.2 页面浮动元素的制作

在首页制作两个浮动元素。首先是 3 个子栏目的入口（超链接形式），其次是左下方的分享按钮。

子栏目的入口应尽量放在页面居中的位置，因此使用 absolute 定位并设置 top 属性。

```
<div id="container" style="position:absolute;width:100%;top:30%;"
class="text-center">
    </div>
```

class="text-center" 是 bootstrap 中的样式，表示水平居中。"container" 图层中包含了页面的标题和超链接。其代码如下：

```
<h1>Bienvenidos a Barcelona</h1>
<div style="min-width:850px;position:relative">
    <a class="nav-item" href="scene.html">
            <img src="pic/scene.png" /><br />
            <span class="title">景点 </span>
    </a>
    <a class="nav-item" href="hotel.html">
            <img src="pic/hotel.png" /><br />
```

```
                    <span class="title"> 住宿 </span>
            </a>
            <a class="nav-item" href="traffic.html">
                    <img src="pic/traffic.png" /><br />
                    <span class="title"> 交通 </span>
            </a>
    </div>
```

页面的标题用最大号的 **h1** 显示，同时我们又想使用一种比较特别的字体。在 **css** 中，字体名称使用 font-family 属性表示，但如果客户端设备上不存在 font-family 指定的字体，浏览器则会使用默认的字体。为使所有设备上浏览页面都获得同样的体验，我们将字体文件存放在网站根目录中，它会在需要时被自动下载到用户的电脑。

```
<style type="text/css">
    @font-face {
            font-family:'FZLTCXHJW'; /* 用户自定义的字体名称 */
            src:url('bootstrap/fonts/FZLTCXHJW.ttf'); /* 字体文件所在路径 */
    }
    h1 {
            font-family:FZLTCXHJW; /* 为元素使用自定义的字体 */
    }
</style>
```

另一部分是页面左下角的分享按钮，使用 **fixed** 定位。

```
<style type="text/css">
    #share{position:fixed;bottom:20px;left:20px;}
</style>
…
<div id="share">
    <!--QQ 空间 -->
    <a href="#" onclick="window.open('http://sns.qzone.qq.com/cgi-bin/
qzshare/cgi_qzshare_onekey?url='+encodeURIComponent(document.location.
href));return false;" title=" 分享到 QQ 空间 " class="share">
            <img src="pic/share_qq.png" alt=" 分享到 QQ 空间 " />
    </a>
    <!-- 新浪微博 -->
    <a href="#" class="share" title=" 分享到新浪微博 "onclick="window.
open('http://v.t.sina.com.cn/share/share.php?title='+document.title);return
false;">
            <img src="pic/share_weibo.png" alt=" 分享到新浪微博 " />
    </a>
    <!-- 豆瓣 -->
    <a class="share" title=" 分享到豆瓣 " href="javascript:void(function()
{var d=document,e=encodeURIComponent,s1=window.getSelection,s2=d.
getSelection,s3=d.selection,s=s1?s1():s2?s2():s3?s3.createRange().
text:'',r='https://www.douban.com/recommend/?url='+e(d.location.
href)+'&title='+e(d.title)+'&sel='+e(s)+'&v=1',x=function(){if(!window.
open(r))location.href=r+'&r=1'};if(/Firefox/.test(navigator.userAgent))
{setTimeout(x,0)}else{x()}})()">
            <img src="pic/share_douban.png" alt=" 分享到豆瓣 " />
    </a>
</div>
```

可以将页面分享到 QQ 空间、新浪微博、豆瓣等网站。

首页的最终效果如图 10-3 所示。

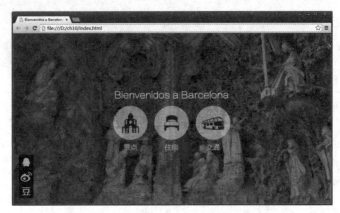

图10-3　首页效果图

10.3　子栏目页面的制作

10.3.1　景点列表的制作

需要设计与制作的景点列表页面的效果如图 10-4 所示。页面包括了一个页眉、一个列表和一张地图。

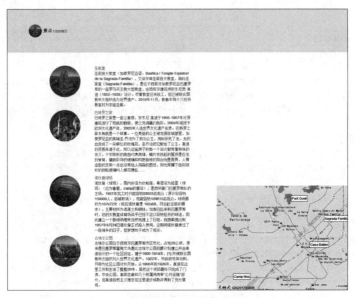

图10-4　景点列表页面

页眉使用 bootstrap 中的 jumbotron 完成：

```
<div class="jumbotron">
<div class="container">
    <h4>
    <img src="pic/scene_color.jpg" class="img-circle" style="height:50px"
/> 景点 <span style="font-size:12px">| </span>
    <a href="index.html" style="font-size:12px">回到首页 </a>
    </h4>
```

其中，"img-circle" 是 bootstrap 定义的类名，切掉图片的四个边角，显示为圆形。

主要的景点列表部分使用无序列表 ul 完成：

```
    </div>
</div>
<style type="text/css">
    ul {list-style-type:none; }
    ul li {display:block;width:600px;}
</style>
<ul>
    <li>
            <!-- 景点 1-->
            <div class="col-xs-4 text-center">
                    <a href="scene/sagrada.html">
                            <img src="scene/pic/sagrada.jpg" class="img-
circle" style="height:120px;width:120px" />
                    </a>
            </div>
            <div class="col-xs-8">
                    <a href="scene/sagrada.html">圣家堂 </a>
                    <p><!-- 内容略 --></p>
            </div>
            <hr />
    </li>
    <li><!-- 景点 2：略 --></li>
    <li><!-- 景点 3：略 --></li>
</ul>
```

在 CSS 定义中，去掉无序列表项前的项目符号，并将每一个列表项设为"块状"显示，宽度为 600 像素。每一个列表项均采用 bootstrap 的栅格系统进行划分。bootstrap 将每一个块状元素看成等分的 12 列，元素中定义类名"col-xs-n"，则表示此元素的宽度占 n/12。此处的代码将列表项分为了 1：2 的两列，左列显示图片，右列显示文字介绍。

页面右下角的地图使用了"天地图"提供的接口。定义一个图层名为"map"，使用代码为其初始化，并添加文字标注：

```
<script type="text/javascript" src="http://api.tianditu.com/js/maps.
js"></script>
<style type="text/css">
.side-bar {position:fixed;bottom:0px;right:0px;width:500px;height:400
px;}
</style>
…
<div class="side-bar">
    <div id="map" style="width:100%;height:100%;"></div>
</div>
<script type="text/javascript">
    var map=new TMap("map");
    var center=new TLngLat(2.147,41.395);
    map.centerAndZoom(center,13);
    // 景点 1
    var config1={text:"Sagrada Familia",position:new
TLngLat(2.1742896,41.4044991)};
    map.addOverLay(new TLabel(config1));
    // 景点 2、景点 3…
</script>
```

10.3.2　住宿列表的制作

住宿列表页面效果如图 10-5 所示。

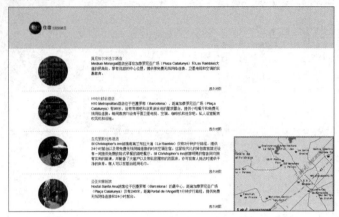

图10-5　住宿列表页面效果

仍然使用 ul 制作列表，只是每个列表项的右下角增加一个"显示地图"的按钮：

```
<ul>
    <li>
        <!-- 酒店 1-->
        <div class="row">
            <div class="col-xs-4 text-center">
                <a href="hotel/hotel1.html">
                    <img src="hotel/pic/hotel1.jpg"
class="img-circle" style="height:120px;width:120px" /></a>
            </div>
            <div class="col-xs-8">
                <a href="hotel/hotel1.html"> 莫尼格尔米迭尔酒店 </a>
                <p>…</p>
            </div>
            <div class="show-in-map">
                <a class="btn-show-in-map" href="#" style="font-
size:smaller" data-title=" 莫尼格尔米迭尔酒店 " data-longitude="2.172" data-
latitude="41.385">显示地图 </a>
            </div>
        </div>
        <hr />
    </li>
    <li><!-- 酒店 2--></li>
    <li><!-- 酒店 3--></li>
</ul>
```

在"显示地图"的按钮标记中使用 data 属性添加了该酒店所在的经纬度，以便在地图上
显示。单击按钮的事件触发使用 jQuery 编写：

```
<ul>
    <li>
        <!-- 酒店 1-->
        <div class="row">
            <div class="col-xs-4 text-center">
                <a href="hotel/hotel1.html">
                    <img src="hotel/pic/hotel1.jpg"
```

```
class="img-circle" style="height:120px;width:120px"/></a>
                    </div>
                    <div class="col-xs-8">
                        <a href="hotel/hotel1.html"> 莫尼格尔米迭尔
酒店 </a>
                        <p>...</p>
                    </div>
                    <div class="show-in-map">
                        <a class="btn-show-in-map" href="#" style="font-
size:smaller" data-title=" 莫尼格尔米迭尔酒店 " data-longitude="2.172" data-
latitude="41.385"> 显示地图 </a>
                    </div>
                </div>
                <hr />
    </li>
    <li><!-- 酒店 2--></li>
    <li><!-- 酒店 3--></li>
</ul>
var map=new TMap("map");
var center=new TLngLat(2.147,41.395);
map.centerAndZoom(center,13);
$(".btn-show-in-map").click(function () {
    map.clearOverLays();
    var longitude=parseFloat($(this).data("longitude"));
    var latitude=parseFloat($(this).data("latitude"));
    map.centerAndZoom(new TLngLat(longitude,latitude),13);
    var marker=new TMarker(new TLngLat(longitude,latitude));
    map.addOverLay(marker);
});
```

10.3.3　交通列表的制作

设计与制作的交通列表页面效果如图 10-6 所示。

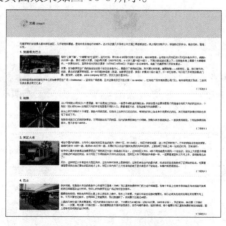

图10-6　交通列表页面效果

列表的代码：

```
<div class="container">
    <p>巴塞罗那的旅游景点基本都在城区，几乎被地铁覆盖，是绝对适合自由行的城市。这次
在巴塞几乎所有公共交通工具都乘坐过，网上相关攻略不少，根据自己的体会，做些归纳、整理、补充。
</p>
    <h4>1.旅游观光巴士 </h4>
```

```
    <img src="traffic/pic/traffic1.jpg" style="width:240px;float:left;marg
in-right:10px"/>
    <p>…</p>
    <p style="text-align:right"><a href="traffic/traffic1.html"
style="font-size:12px">【了解更多】</a></p>
    <hr />
    <h4>2.地铁</h4>
    <!-- 略 -->
    <h4>3. 郊区火车</h4>
    <!-- 略 -->
    <h4>4. 巴士</h4>
    <!-- 略 -->
</div>
```

10.4　详情页面的制作

10.4.1　景点详情页面的制作

以一个景点详情页面为例，介绍"圣家堂"景点详情页面，效果如图10-7所示。

由于这已经是网站的第三层页面，所以在页眉部分添加一条"面包屑"（告诉用户当前的位置，以及当前页面在网站中所处位置）。通过"面包屑"导航用户可以随时回到网站的第一、第二层页面。

bootstrap提供了面包屑导航的样式：

```
<ol class="breadcrumb">
    <li><a href="../index.html">首页
</a></li>
    <li><a href="../scene.html">景点
</a></li>
    <li class="active">圣家堂</li>
</ol>
```

其中,列表项如果拥有"active"类,表示是当前页面。

页面的主体部分分为5:1的两列，左边放置介绍景点的文字，右边放置标题。

```
<div class="container">
    <div class="col-xs-10"
style="border-right:1px solid
#444;padding-right:10px">
            <!-- 略 -->
    </div>
    <div class="col-xs-2">
```

图10-7　景点详情效果

```
        <div style="position:fixed;bottom:0px">
            <h4><a href="#link1">简介</a></h4>
            <h4><a href="#link2">建筑历史</a></h4>
            <h6><a href="#link2.1">建设背景</a></h6>
            <h6><a href="#link2.2">修建历程</a></h6>
            <h6><a href="#link2.3">施工状况</a></h6>
            <!-- 略 -->
```

```
        </div>
    </div>
</div>
```

放置标题的图层使用 **fixed** 定位，保证标题不会因为页面滚动而改变位置。

10.4.2 住宿详情页面的制作

设计与制作的住宿详情页面效果如图 10-8 所示，以"莫尼格尔米迭尔酒店"为例。

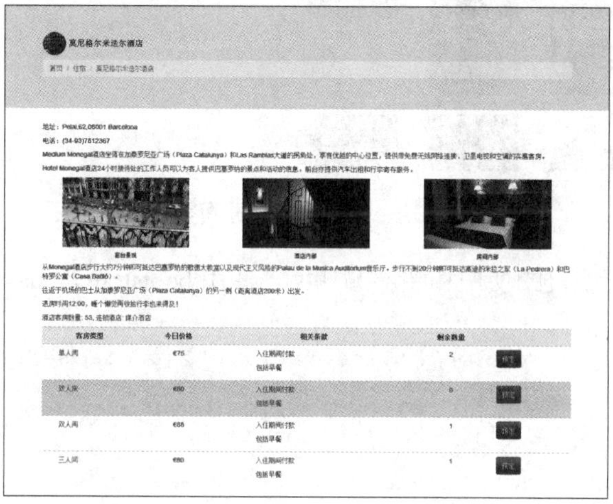

图10-8 住宿详情页面效果

页面主体部分是文字段落、图片和表格。

使用 **bootstrap** 定义的 **table** 样式，能够轻松制作美观的表格。

```
<table class="table">
    <tr class="active">
        <th> 客房类型 </th>
        <th> 今日价格 </th>
        <th> 相关条款 </th>
        <th> 剩余数量 </th>
        <th></th>
    </tr>
    <tr>
        <td style="text-indent:2em"> 单人间 </td>
        <td class="text-center">€75</td>
        <td style="text-indent:5em"><p> 入住期间付款 </p><p> 包括早餐 </p>
</td>
        <td class="text-center">2</td>
    <td><input type="button" class="btn btn-primary" value=" 预定 " /></
td>
    </tr>
    <!-- 以下略 -->
</table>
```

通过".table-striped"类可以给 <tbody> 之内的每一行增加斑马条纹样式。通过添加
".table-hover"类可以让 <tbody> 中的每一行对鼠标悬停状态做出响应。

10.4.3 交通详情页面的制作

设计与制作的交通详情页面效果如图 10-9 所示。

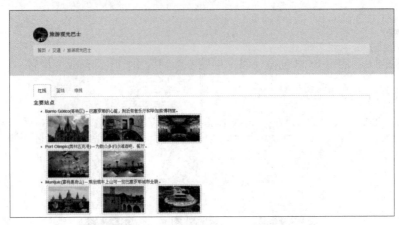

图10-9　交通详情页面效果

本页面难点在于标签页的使用和图层的切换。使用 bootstrap 的 nav 类实现标签页：

```
<ul class="nav nav-tabs" id="navbar">
    <li role="presentation" class="active"><a class="navbar-button"
href="#" data-div="#red_line">红线 </a></li>
    <li role="presentation"><a href="#" class="navbar-button" data-
div="#blue_line">蓝线 </a></li>
    <li role="presentation"><a href="#" class="navbar-button" data-
div="#green_line">绿线 </a></li>
</ul>
```

正文部分放置三个图层，id 分别为 red_line、blue_line、green_line：

```
<div id="red_line" class="container bus-line">
    <h4>主要站点 </h4>
    <ul><!-- 站点介绍：略 --></ul>
</div>
<div id="blue_line" class="container bus-line">
    <h4>主要站点 </h4>
    <ul><!-- 站点介绍：略 --></ul>
</div>
<div id="green_line" class="container bus-line">
    <h4>主要站点 </h4>
    <ul><!-- 站点介绍：略 --></ul>
</div>
```

单击任何一个标签页后，利用 jQuery 实现图层的隐藏和显示：

```
$(".navbar-button").click(function(){
$(".bus-line").hide(); // 三个图层全部隐藏
$($(this).data("div")).show(); // 根据 "data-div" 指定的图层 id，显示相应图层
$("#navbar").find("li").removeClass("active"); // 所有标签页取消 active 类
$(this).parent("li").addClass("active"); // 当前标签页添加 active 类
```